Caius Plinius Secundus

Naturgeschichte

Bändchen XII

Elibron Classics
www.elibron.com

Elibron Classics series.

ISBN 0-543-73251-7 (paperback)
ISBN 0-543-73250-9 (hardcover)

This Elibron Classics Replica Edition is an unabridged facsimile of the edition published in 1853 by J. B. Metzler, Stuttgart.

Römische Prosaiker

in

neuen Uebersetzungen.

Herausgegeben

von

C. N. v. Osiander, Prälaten zu Stuttgart,

und

G. Schwab, Ober-Consistorial- und Studienrath zu Stuttgart.

Hundert achtzigstes Bändchen.

Stuttgart,

Verlag der J. B. Metzler'schen Buchhandlung.

1853.

Römische Prosaiker

in

neuen Uebersetzungen.

Herausgegeben

von

C. N. v. Osiander und G. Schwab.

Hundertachtzigstes Bändchen.

Plinius Naturgeschichte XII.

Cajus Plinius Secundus

Naturgeschichte.

Uebersetzt und erläutert

von

Dr. Ph. H. Külb,
Stadtbibliothekar zu Mainz.

Zwölftes Bändchen.

Stuttgart,
Verlag der J. B. Metzler'schen Buchhandlung.
1853.

Plinius Secundus Naturgeschichte.

Zwölftes Buch.

Die Naturgeschichte der Bäume.

Inhalt.

Summe aller Gegenstände, Geschichten und Bemerkungen: 974.

Quellen.

[Römische]. M. Varro, Mucianus, Vergilius, Fabianus, Sebosus, Pomponius Melia, Flavius, Procilius, Hyginus, Trogus, der Kaiser Claudius, Corn. Nepos, Sextius, Niger, welcher in griechischer Sprache über Arzneikunde schrieb, Cassius Hemina, L. Piso, Tuditanus, Antias.

Fremde: Theophrastus, Herodotus, Callisthenes, Isigonus, Clitarchus, Anarimenes, Duris, Nearchus, Onesicritus, Polycritus, Olympiodorus, Diognetus, Nicobulus, Anticlides, Chares von Mytilene, Menächmus, Dorotheus von Athen, Lycus, Antäus, Ephippus, Dio, Democles, Ptolemäus, der Sohn des Lagus, Marsyas aus Macedonien, Zoilus eben daher, Democritus, Amphilochus, Aristomachus, Alexander der Polyhistor, Juba, Apollodorus, welcher über Riechwaaren schrieb, Heraclides der Arzt, Archidemus deßgleichen, Dionysius deßgleichen, Democlides deßgleichen, Euphron deßgleichen, Mnesides deßgleichen, Diagoras deßgleichen, Jollas deßgleichen, Heraclides von Tarent, Xenocrates von Ephesus, Eratosthenes.

Bemerkungen über die in diesem Buche von Plinius benützten oder angeführten Schriftsteller.*)

—* Alexander, Cornelius, der Polyhistor, wird von Plinius auch in diesem Buche benützt, jedoch ohne nähere Angabe der Stellen, an welchen es geschieht; der Inhalt seines geographischen Werkes in vierzig Büchern erstreckte sich, wie es scheint, über alle damals bekannte Länder und schloß auch naturgeschichtliche Bemerkungen nicht aus.

— Alfius Flavius. An welchen Stellen des vorliegenden Buches dieser Geschichtschreiber berücksichtigt ist, läßt sich nicht ermitteln. Vgl. die Bemerkungen zum neunten Buche.

—* Amphilochus von Athen, ein nicht näher bekannter Schriftsteller über Landwirthschaft, welcher nur in dem Quellenverzeichnisse vor diesem Buche angeführt wird.

*) Der Strich (—) vor einem Artikel deutet an, daß von dem Schriftsteller schon bei einem der vorhergehenden Bücher die Rede war, die griechischen Autoren sind mit einem Sternchen bezeichnet.

* Anaximenes aus Lampsakus, ein Historiker und Rhetor aus dem vierten Jahrhundert vor Chr., welcher Alexander den Großen auf einigen Feldzügen begleitete und eine Geschichte desselben schrieb; er verfaßte auch eine Geschichte Griechenlands und eine Geschichte des Königs Philipp. Plinius benützte bei der Aufzählung der indischen Bäume das erste dieser Werke, von denen nur einige wenige unbedeutende Bruchstücke auf unsere Zeit gekommen sind. Ihm wird auch die noch vorhandene und unter den Schriften des Aristoteles befindliche „Rhetorik an Alexander" zugeschrieben.

* Antäus, ein griechischer Arzt, dessen nur Plinius (im Quellenverzeichnisse zu diesem und dem folgenden Buche) und Galenus erwähnen, ohne Näheres über ihn mitzutheilen.

— Antias, s. Valerius Antias.

—* Anticlides. Plutarch (Alex. c. 46) nennt diesen Schriftsteller, von welchem schon bei den Bemerkungen über die Quellen des vierten Buches die Rede war, auch als Gewährsmann bei einer Sage aus Alexanders Leben, woraus man schließen darf, daß Anticlides auch über dessen Feldzüge ein Werk schrieb, welchem in diesem Buche irgend eine Bemerkung über die indischen Pflanzen entnommen seyn könnte.

* Apollodorus, welcher nach dem Quellenverzeichnisse zu diesem und dem folgenden Buche über die Riechwaaren (de odoribus) schrieb, wird sonst nirgends erwähnt und es läßt sich deßhalb nicht ermitteln, welcher der zahlreichen Schriftsteller, die diesen Namen führen, gemeint seyn mag. Vielleicht ist es derselbe, welcher ein Werk über die giftigen Thiere verfaßte. (Vgl. die Bemerkungen zu dem vorhergehenden Buche.)

* Archidemus, ein griechischer Arzt, der kurz nach Hippokrates lebte, über welchen wir aber nichts Näheres wissen und den auch

Plinius in den Quellenverzeichnissen zu mehreren Büchern nur flüchtig nennt.

* Aristomachus, ein völlig unbekannter griechischer Schriftsteller, welcher wahrscheinlich die Pflanzenkunde zum Gegenstande seiner Forschungen gemacht hatte, da ihn Plinius zu diesem Theile seiner Naturgeschichte als Quelle anführt.

* Callisthenes aus Olynth, ein naher Anverwandter des Aristoteles und von diesem mit Alexander von Macedonien erzogen, begleitete den letzteren auf seinen Feldzügen nach Asien, machte sich aber durch seine rücksichtslose Freimüthigkeit bei demselben so verhaßt, daß er, als man ihn bei der Entdeckung einer Verschwörung als Mitschuldigen anklagte, gewaltsam aus dem Wege geräumt wurde (328 vor Chr.). Er verfaßte mehrere historische und naturgeschichtliche Werke, von denen hier besonders die Beschreibung der Feldzüge Alexanders und sein Werk über die Natur der Pflanzen (vgl. Epiphanius, adv. haeres. I, 3) in Betracht kommen. An welchen Stellen sie aber Plinius benützte, läßt sich nicht ermitteln.

Cassius Hemina, L., ein nicht näher bekannter römischer Historiker aus dem zweiten Jahrhundert vor Chr., welcher vier Bücher Annalen und ein Werk über die Censoren (de censoribus) schrieb; die wenigen noch vorhandenen Fragmente hat A. Krause in den Vitae et fragmenta veterum historicorum Romanorum (Berol. 1833, 8.) p. 145 ff. gesammelt.

* Chares von Mitylene, ein griechischer Historiker, welcher eine Geschichte der Feldzüge Alexanders des Großen (αἱ περὶ Ἀλέξανδρον Ἱστορίαι) in wenigstens zehn Büchern schrieb (vgl. Plutarch Alexand. c. 46; Athenäus Deipnosoph. l. XII, c. 54), dessen Lebensverhältnisse aber nicht näher bekannt sind. Plinius entnahm seinem Werke wahrscheinlich irgend eine Bemerkung über die Bäume Indiens.

— Claudius Cäsar, Tiberius. Aus seinen Geschichtsbüchern (historiae) nahm Plinius in diesem Buche (Kap. 39) eine Bemerkung über den Baum Bratus.

— * Clitarchus aus Aeolis. Seine Geschichte Alexanders des Großen lieferte zu diesem Buche wahrscheinlich eine Bemerkung über indische Produkte.

— Cornelius Nepos. Plinius benützt diesen Schriftsteller auch in diesem Buche, ohne bei den Bemerkungen, die er ihm verdankt, auf ihn hinzudeuten.

* Democles, ein nicht genauer bekannter Schriftsteller, welchen Plinius in dem Quellenverzeichnisse zu diesem Buche nennt. Ihm ist auch, was nachträglich angeführt werden muß, die Bemerkung, daß die Erde den Sipylus in Magnesia verschlungen habe (B. II, Kap. 93) entlehnt.

* Democlides, ein völlig unbekannter griechischer Arzt. Harduin liest dafür willkürlich Democedes, weil ein berühmter Arzt von Croton, der jedoch wahrscheinlich keine Schriften hinterließ, sondern sich nur mit der praktischen Heilkunde befaßte, diesen Namen führte. Ein Democlides wird auch von Athenäus (Deipnosoph. l. III, c. 76) genannt, ob aber derselbe, welchen Plinius benützte, gemeint ist, dürfte nicht leicht zu beweisen seyn.

— * Democritus. An welchen Stellen des vorliegenden Buches dieser bekannte Philosoph berücksichtigt wurde, läßt sich unmöglich nachweisen.

* Diagoras, ein griechischer Arzt, wahrscheinlich aus der zweiten Hälfte des vierten Jahrhunderts vor Chr., welcher über Pflanzen und deren Heilkräfte (περὶ φυτῶν) schrieb (vgl. Dioscorides, de re med. IV, 65) und von Plinius vielfach benützt wird.

— * Dio aus Colophon, ein schon bei dem zehnten Buche

erwähnter Schriftsteller über Landwirthschaft, welcher auch bei diesem Buche als Quelle genannt wird.

— * Diognetus, einer der Wegmesser, welche Alexander den Großen auf seinen Feldzügen begleiteten. Er soll in diesem Buche an einer nicht näher bezeichneten Stelle wahrscheinlich als Gewährsmann für irgend eine Indien betreffende Bemerkung dienen.

* Dionysius, ein nicht näher bekannter griechischer Arzt, vielleicht derselbe, dessen Galenus (κατὰ τόπους, c. 7) und Caelius Aurelianus (II, 17) erwähnen. Plinius nennt ihn nur in dem Quellenverzeichnisse.

[* Dioscorides Pedanius, ein berühmter Arzt und Naturforscher aus der Mitte des letzten Jahrhunderts vor Chr von Anazarbus in Cilicien, durchreiste, wahrscheinlich als Arzt bei dem römischen Heere, Italien, Spanien, Frankreich und einen Theil Afrika's und scheint sich vorzugsweise mit der Pflanzenkunde und mit der Anwendung derselben auf die Arzneiwissenschaft befaßt zu haben. Auch galt sein Werk über die Heilstoffe (περὶ ὕλης ἰατρικῆς) bis auf die neuere Zeit, besonders im Morgenlande, als die untrüglichste Quelle für die Kenntniß der Heilkräfte der Kräuter. Die erste brauchbare Ausgabe desselben lieferte Kurt Sprengel (Leipz. 1829, 2 Bde. 8.). Plinius nennt den Dioscorides nirgends und doch stimmt er an sehr vielen Stellen mit ihm wörtlich überein. Man hat ihm deßhalb den Vorwurf gemacht, er habe diesen Schriftsteller ausgeschrieben und ihn absichtlich nicht erwähnt, was aber bei der Gewissenhaftigkeit, womit er stets seine Vorgänger nennt, höchst unwahrscheinlich ist (vgl. die Einleitung, S. 44). Daß aber beide Naturforscher wenigstens eine und dieselbe Quelle (vielleicht den bei den Quellen dieses Buches angeführten römischen Arzt Sextius Niger, welcher in griechischer Sprache schrieb) benützt haben müssen oder das Werk des Dioscorides fälschlich diesen Namen trägt und einem andern Verfasser angehört, geht aus vielen wörtlich übereinstimmenden Stellen hervor; man vergleiche nur, was das vorliegende Buch betrifft, die Bemerkungen über das Amomum (Kap. 28. Dioscorides I, 14), über die Myrrhe (Kap. 35. Dioscor. I, 77), über die Salbeneichel (Kap. 46. Dioscor. IV, 160), über den Balsam (Kap. 54. Dioscor. I, 18), über den Storax (Kap. 55. Dioscor. I, 79), über das Galbanum (Kap. 56. Dioscor. III, 97), über den Panax (Kap. 57. Dioscor. III, 55 und 57), über das Spondylon (Kap. 58. Dioscor. III, 90), über das Malobathron (Kap. 59. Dioscor. I, 21) und über das Omphacium (Kap. 60. Dioscor. I, 29)].

* Dorotheus von Athen, ein Arzt, welchen nur Plinius in dem Quellenverzeichnisse zu diesem und dem folgenden Buche anführt. Ob es derselbe Arzt ist, welcher nach der Angabe des Phlegon (Mirab. 26) „Erinnerungen" (ὑπομνήματα) schrieb, läßt sich nicht ermitteln, da Phlegon den Geburtsort des von ihm erwähnten Dorotheus nicht nennt.

— * Duris aus Samos (vgl. die Bemerkungen zu dem siebenten Buche). Wahrscheinlich ist in diesem Buche seine griechische Geschichte, welche auch die Thaten Alexanders des Großen erzählte, bei irgend einer Bemerkung über indische Erzeugnisse benützt.

* Ephippus von Olynth, ein nicht näher bekannter Schriftsteller, welcher wahrscheinlich zur Zeit Alexanders des Großen lebte und ein Buch unter dem sonderbaren Titel: „von der Verwechselung Alexanders und Hephästions (περὶ τῆς Ἀλεξάνδρου καὶ Ἡφαιστίωνος μεταλλαγῆς) verfaßte (vgl. Athenäus Deipnosoph. l. IV, c. 27). Suidas (unter dem Artikel Ἔφιππος) verwechselt ihn mit dem bekannten Historiker Ephorus und schreibt ihm mehrere Werke zu, welche dem letzteren angehören. Plinius nennt ihn nur in dem Quellen=

verzeichnisse zu diesem und dem folgenden Buche, ohne an irgend einer Stelle ausdrücklich auf ihn hinzudeuten.

— * Eratosthenes. Dieser berühmte Philosoph und Mathematiker wird in diesem Buche (Kap. 30, §. 2) bei der Bemerkung, wie viel Stadien ein Schönus messe, als Gewährsmann angeführt; vielleicht ist hier die Schrift des Eratosthenes über die Messungen (μετρήσεις) berücksichtigt.

— * Euphron oder Euphronius von Athen, ein nicht weiter bekannter Schriftsteller über Landwirthschaft, welchen Plinius auch bei diesem Buche nur in dem Quellenverzeichnisse nennt.

— Fabianus Papirius. Aus den Schriften dieses Naturforschers und wahrscheinlich aus dem Werke über Naturerscheinungen ist in diesem Buche die Bemerkung (Kap. 9), daß das Ebenholz keine Flamme gebe, entlehnt.

— Flavius, s. Alfius Flavius.

Hemina, s. Cassius Hemina.

* Heraclides, ein griechischer Arzt von Erythrä in Kleinasien, welcher im letzten Jahrhundert vor Chr. lebte (vgl. Strabo Geogr. l. XIV, c. 34) und als der vorzüglichste Schüler des gelehrten Arztes Chrysermus galt (vgl. Galenus, de diff. puls. IV, 10). Er verfaßte ein Werk über die Schule des Herophilus und Erläuterungen zu allen Schriften des Hippokrates (vgl. Galenus l. c. und Comment. 1 in lib. VI, Epidem. Hippocr. und Comment. 1 in lib. Hippocr. de offic. med.). Plinius bezeichnet die Stellen, wo er ihn berücksichtigt, nicht näher.

* Heraclides von Tarent, ein beliebter praktischer Arzt (vgl. Celsus I, 1), über dessen Lebensverhältnisse man nichts Näheres weiß. Er verfaßte ein Werk über die Heilung der inneren Krankheiten in wenigstens zwei Büchern (vgl. Cälius Aurelianus I, 4), ein Buch

über die wilden Thiere (περὶ θηρίων, vgl. Galenus de antidotis II, 14), mehrere Bücher über einfache Arzneimittel, vgl. Galenus l. c. I, 1) und eine Schrift über die Zubereitung und Prüfung der Arzneien (περὶ σκευασίας καὶ δοκιμασίας φαρμάκων, vgl. Galenus de simplic. medic. VI, 1). Welche dieser Werke Plinius vor sich hatte, läßt sich ebensowenig bestimmen, als an welchen Stellen er sie benützte.

— * Herodotus. Plinius sagt in diesem Buche (Kap. 8, §. 2), daß Herodotus seine Geschichte im J. 310 der Stadt (444 vor Chr.) zu Thurii in Italien verfaßt habe, und entlehnt ihm die Bemerkungen über die Abgaben, welche die Aethiopier den Königen von Persien an Gold, Elfenbein und Ebenholz bezahlen mußten (Kap. 8, §. 1, vgl. Herodot III, 97), über die sonderbare Behauptung, daß zu Herodots Zeit in Asien und Griechenland Niemand war, der den Po gesehen hatte (Kap. 8, §. 2; vgl. Herodot III, 115), über die Gewinnung des Cinnamomums und der Casia (Kap. 42, §. 1; vgl. Herodot III, 111) und, obgleich er ihn an dieser Stelle nicht nennt, über die Entstehung des Ladanums in den Ziegenbärten (Kap. 37, §. 1; vgl. Herodot III, 112).

— Hyginus, C. Julius. Außer mehreren historischen, geographischen und mythologischen Werken verfaßte dieser gelehrte Römer auch Schriften über die Landwirthschaft (vgl. Columella I, 1, 13. IX, 2, 1 und 13, 8). Wahrscheinlich wurden die letzteren in diesem Buche benützt.

* Jollas oder Jolas, ein gelehrter Arzt aus Bithynien, welcher um die Mitte des dritten Jahrhunderts vor Chr. lebte (vgl. Dioscorides I, 1. Galenus de antidot. I, 1) und ein Werk über die Heilkräfte der Kräuter schrieb (Schol. in Nicandri Theriac. p. 32), welches nicht mehr vorhanden ist, aber von Dioscorides und Plinius fleißig benützt wurde.

—* Isigonus von Nicäa, welcher kurz vor oder nach dem Beginne der christlichen Zeitrechnung lebte, und dessen Werk Ἄπιστα auch bei diesem Buche wahrscheinlich bei der Erzählung unglaublicher Dinge als Quelle diente.

—* Juba (vgl. die Bemerkungen zu dem fünften und siebenten Buche). Aus seinen „Büchern, welche er für Cajus Cäsar, den Sohn des Augustus, schrieb" (Kap. 32, §. 2) nahm Plinius die Nachricht, daß kein Weihrauch auf den Inseln um Arabien wachse (Kap. 32, §. 2), und wahrscheinlich auch die Bemerkungen über die Baumwolle (Kap. 22), über den Weihrauchbaum (Kap. 31, §. 2) und über das Blatt des Myrrhenbaums (Kap. 34).

— Licinius Mucianus, „welcher dreimal Consul und Legat in Lycien war" (Kap. 5, §. 1). In dem vorligenden Buche ist dem häufig benützten Geschichtswerke dieses Schriftstellers die Beschreibung einer merkwürdigen Platane in Lycien (Kap. 5, §. 1) entlehnt.

* Lycus, ein griechischer Historiker aus Rhegium, welcher im vierten Jahrhundert vor Chr. lebte, schrieb eine Geschichte Libyens (vgl. Suidas, s. v. Λυκόφρων), eine Geschichte Siciliens in wenigstens vier Büchern (vgl. Porphyrius, vit. Pythag. 5) und ein Buch über Theben (Schol. ad Hesiodi Theogon. 326). Welches dieser Werke Plinius in dem vorliegenden Buche benützte, läßt sich nicht bestimmen.

* Marsyas aus Pella in Macedonien, ein Stiefbruder des Königs Antigonus von Syrien, soll mit Alexander dem Großen erzogen worden seyn und auch denselben auf mehreren Feldzügen begleitet haben. Später war er Befehlshaber auf der Flotte des Antigonus. Er schrieb eine Geschichte Macedoniens (Μακεδονικα) in zehn Büchern und eine Geschichte der Jugend Alexanders (Ἀλεξανδρου

ἀγωγή). Diesen Werken sind in diesem Buche wahrscheinlich einige Bemerkungen über Alexander oder über Indien entlehnt.

— Mela Pomponius. Plinius benützt diesen Geographen fast in jedem Buche, in dem vorliegenden sind aber die Stellen, wo dieses geschieht, nicht näher bezeichnet.

—* Menächmus aus Sicyon. Das Geschichtswerk dieses Schriftstellers über Alexander den Großen ist wahrscheinlich in diesem Buche benützt.

* Mnesides, ein sonst völlig unbekannter und nur von Plinius und von Priscian (l. VI, p. 707) genannter griechischer Arzt. Auch über seine Schriften, welche Plinius vielfach benützt zu haben scheint, ist nicht die geringste Nachricht auf unsere Zeit gekommen.

Mucianus, s. Licinius Mucianus.

—* Nearchus. An welchen Stellen der Reisebericht dieses Feldherrn und Schriftstellers (vgl. die Bemerkungen zum sechsten Buche) benützt ist, läßt sich nicht bestimmen.

Nepos, s. Cornelius Nepos.

* Nicobulus, ein Historiker, welcher über Alexander den Großen schrieb und wahrscheinlich derselbe, welcher bei Athenäus, der an der Aechtheit der ihm beigelegten Schriften zu zweifeln scheint, Nicobule heißt (vgl. Deipnosoph. l. X, c. 44; l. XII, c. 53).

Niger Sextius, s. Sextius Niger.

* Olympiodorus, ein nur von Plinius in dem Quellenverzeichnisse zu diesem und dem folgenden Buche genannter griechischer Schriftsteller, welcher ein Werk über die Thaten Alexanders des Großen, vielleicht auch naturhistorische Schriften verfaßt zu haben scheint.

—* Onesicritus. Seiner Geschichte der Feldzüge Alexanders des Großen ist in diesem Buche (Kap. 18) die Bemerkung über einen Baum in Hyrcanien, aus welchem Honig fließt, entnommen.

— Piso, Lucius Calpurnius. An welchen Stellen des vorliegenden Buches die Annalen dieses Schriftstellers benützt sind, läßt sich nicht nachweisen.

* Polycritus. Plinius nennt diesen Schriftsteller in den Quellenverzeichnissen zu diesem und dem folgenden Buche; ob Polycritus aus Mende in Thrazien, ein Hofarzt des Artaxerxes (vgl. Plutarch Artax. 21), ob ein ebenfalls aus Mende stammender Polycritus, welcher ein Werk über die Geschichte Siciliens (vgl. Diogenes Laertius II, 63. Aristoteles, mirab. auscult. 122. Diodor. XIII, 83) verfaßte, oder ein anderer Polycritus gemeint oder ob unter allen diesen Polycritus nur einer zu verstehen ist, läßt sich nicht ermitteln.

— Pomponius Mela, s. Mela Pomponius.

Pompejus Trogus, s. Trogus Pompejus.

— Procilius. Diesem römischen Historiker und Geographen ist in diesem Buche wahrscheinlich irgend eine geschichtliche Bemerkung entnommen.

* Ptolemäus, Sohn des Lagus, ein Macedonier von niedriger Herkunft, welcher unter Philippus und Alexander diente und nach dem Tode des letzteren König von Aegypten wurde, in welcher Stellung er sich große Berühmtheit erwarb. Er fand bei seinen Regierungsgeschäften noch Zeit, um eine Geschichte der Feldzüge Alexanders zu schreiben, welche wegen ihrer Unparteilichkeit und Wahrheit in großem Ansehen stand (vgl. Arrian, Exped. Alex. IV, 14. V, 20), von der sich aber nur wenige Fragmente (gesammelt von Jan. Gerard Hullemann, Traject. ad Rhen. 1844, 8.) erhalten haben. Plinius entnahm ihr in diesem Buche wahrscheinlich Bemerkungen über indische Produkte.

Sebosus, s. Statius Sebosus.

Sempronius, Tuditanus, s. Tuditanus.

Sextius Niger, Q., ein römischer Philosoph aus der ersten Kaiserzeit, welcher auch die Heilkunde in den Kreis seiner Studien zog und „in griechischer Sprache über Arzneikunde schrieb" (qui graece de medicina scripsit). Auch sein Sohn befaßte sich mit Naturphilosophie und Arzneikunde (vgl. Real-Encyklopädie der klassischen Alterthumswissenschaft, Stuttg. 1852, 8., Bd. VI, S. 1144). Einer von beiden verfaßte eine Heilmittellehre (περὶ ὕλης), welche Dioscorides benützte, aber nicht sehr lobt. Der Verlust derselben ist um so mehr zu bedauern, da sich daraus entscheiden ließe, ob Plinius den Dioscorides oder den Sextius Niger oft wörtlich benützt hat (vgl. Dioscorides).

— Statius Sebosus. Seine Schrift über indische Merkwürdigkeiten benützt Plinius auch in diesem Buche, bezeichnet aber die Stellen, an welchen dieses geschieht, nicht näher.

— * Theophrastus. Dieser berühmte Naturforscher tritt von dem zwölften Buch an als Hauptquelle an die Stelle des Aristoteles. Plinius nennt ihn zwar in dem vorliegenden Buche nicht ein einziges Mal, benützt ihn aber fast in jedem Kapitel, wie aus einer näheren Vergleichung hervorgeht; so entnimmt er ihm die Bemerkungen über die Verpflanzung der Platane nach Sicilien und Italien (Kap. 3, vgl. Theophrast, Hist. Plant. IV, 7), über die Größe der Platanen auf dem Spaziergange der Akademie zu Athen (Kap. 5, §. 1, vgl. H. P. I, 2), über eine Platanenart auf den Inseln Creta und Cypern (Kap. 5, §. 2, vgl. H. P. I, 15), über den Citronenbaum (Kap. 7, vgl. H. P. IV, 4), über die Ebenholzarten (Kap. 9, vgl. H. P. IV, 5), über die indische Feige (Kap. 11, vgl. H. P. I, 12. IV, 5), über den Pisang (Kap. 12, vgl. H. P. IV, 5), über den Terpentinbaum und die Baumwolle (Kap. 13, vgl. H. P. IV, 5), über den Wurzelbaum (Kap. 20, vgl. H. P. IV, 8), über den Bauwollenbaum (Kap. 21, vgl. H. P. IV, 9), über den Weihrauch (Kap. 30, 31 und 32, vgl. H. P. IX, 4), über die Myrrhe (Kap. 34 vgl. H. P. IX, 4), über das Harz des arabischen Oelbaums (Kap. 38, vgl. H. P. IV, 8), über das Cinnamomum und die Casia (Kap. 42 und 43, vgl. H. P. IX, 5), über das wohlriechende Rohr und die wohlriechende Binse (Kap. 48, H. P. IX, 7), über den Balsam (Kap. 54, vgl. H. P. IX, 6), über den Panax Kap. 57, vgl. H. P. IX, 10) und noch viele andere Bemerkungen geringen Umfangs, deren Aufzählung allzu weitläufig wäre.

— Trogus Pompejus (vgl. die Bemerkungen zum siebenten Buche). In wie weit in diesem Buche sein Geschichtswerk benützt ist, läßt sich nicht ermitteln.

Tuditanus, C. Sempronius, ein angesehener Römer, welcher bereits mehrere Staatsstellen bekleidet hatte, als er im J. 129 vor Chr. Consul wurde; er unternahm einen Feldzug gegen die Illyrier und der Sieg, welchen er nicht ohne Mühe über sie davon trug, verschaffte ihm im J. 128 vor Chr. die Ehre des Triumphs (vgl. Plinius III, 23. Er verfaßte auch ein Geschichtswerk (Commentarii) in wenigstens dreizehn Büchern (vgl. Gellius XIII, 15), welches Plinius in dem vorliegenden Buche benützte.

— Valerius Antias, Q. Aus den Annalen dieses Historikers schöpfte Plinius auch in diesem Buche; doch läßt sich, was er ihm verdankt, nicht nachweisen.

— Varro, M. Terentius. Er wird zwar bei der Bemerkung, die ihm über eine Platanenart auf den Inseln Creta und Cypern entlehnt ist (Kap. 5, §. 2), nicht ausdrücklich genannt, die benützte Stelle findet sich aber in seinem noch vorhandenen Werke über die Landwirthschaft (I, 7).

— Virgilius Maro. Plinius führt ihn in diesem Buche (Kap. 8, §. 1) als Gewährsmann für die Behauptung an, daß der Ebenbaum nur in Indien wachse (Georg. II, 116).

* Xenocrates aus Ephesus, ein sonst gänzlich unbekannter griechischer Schriftsteller, welchen Plinius in den Quellenverzeichnissen zu dem zwölften, dreizehnten und dreißigsten Buche nennt und der naturwissenschaftliche Schriften verfaßt zu haben scheint. Er lebte nicht lange vor Plinius (vgl. B. XXXVII, Kap. 9).

* Zoilus, ein griechischer Rhetor aus Amphipolis in Macedonien (vgl. Aelian Var. Hist. XI, 10. Plutarch Sympos. V, 4), wegen des bittern Tadels, womit er die homerischen Gedichte überschüttete, Homersgeisel (Homeromastix), und wegen seiner beißenden Sprache der rhetorische Hund genannt, lebte im dritten Jahrhundert vor Chr. und soll wegen seiner ungerechten Kritik der Werke Homers auf Befehl des Königs Ptolemäus Philadelphus gekreuzigt worden seyn (vgl. Vitruvius, praef. 7). Sein Name ist für einen tadelsüchtigen Menschen sprüchwörtlich geworden. Von seinen Schriften, worunter auch eine wahrscheinlich von Plinius benützte Geschichte (Ἱστορία ἀπὸ θεογονίας ἕως τῆς φιλίππου τελευτῆς), ist keine einzige auf unsere Zeit gekommen.

I. 1. So verhält es sich mit der natürlichen Beschaffenheit aller Thiere, von denen bis jetzt Kenntniß erlangt werden konnte, im Allgemeinen und im Einzelnen. Es bleiben nun noch die Erzeugnisse zu behandeln übrig, welche aus der Erde hervorsprossen und ebenfalls der Seele nicht entbehren (da ja nichts ohne diese lebt*), um dann

*) Plinius meint hier nicht das Pflanzenleben, wie man es jetzt versteht, sondern nach den weit ausgedehnteren Begriffen der

diejenigen zu besprechen, welche man aus ihr herausgräbt,*) damit kein Werk der Natur mit Stillschweigen übergangen werde. Lange waren ihre Wohlthaten verborgen und als das höchste dem Menschen gespendete Geschenk wurden die Bäume und Wälder betrachtet. 2. Von ihnen kam zuerst die Nahrung, durch ihr Laub wurde die Höhlenwohnung, durch ihren Bast die Bekleidung weicher. Auch jetzt leben noch Völker so. Um so mehr und mehr beschleicht uns Verwunderung, wie nach solchen Anfängen jetzt Berge in Marmorblöcke zerschnitten, Kleider bei den Serern**) geholt, die Perle in der Tiefe des rothen Meeres***) und der Smaragd †) in den Eingeweiden der Erde gesucht werden. Für diesen Schmuck wurden die Wunden in den Ohren erdacht, denn es war nicht genug ihn am Halse und in den Haaren zu tragen, er mußte auch in den Körper eingegraben werden. Es ist deßhalb angemessen, dem Gange des Lebens zu folgen und vor allem Andern die Bäume zu behandeln, und dabei unserer Sitten Ursprung einzuflechten.

II (I). 1. Bäume waren einst die Tempel der Gottheiten und auf dem einfachen Lande weiht man jetzt noch nach altem Gebrauche den ausgezeichnetsten Baum einem Gotte; auch verehren wir die von Gold und Elfenbein glänzenden Götterbilder nicht mehr als die Haine und selbst die Stille in denselben. Fortwährend bleiben die Baum-

---

griechischen Philosophen, welche eine thierische Organisation der Pflanzen annahmen und ihnen sogar Willen, Begierden und Gefühle der Freude und des Schmerzes zuschrieben.

*) Die Mineralien, womit sich die fünf Bücher befassen.

**) Vgl. B. VI, Kap. 20, §. 2.

***) Vgl. B. IX, Kap. 54.

†) Vgl. B. XXXVII, Kap. 16 ff.

arten ihren Gottheiten geweiht, so dem Jupiter die Speiseeiche,*) dem Apollo der Lorbeer, der Minerva der Oelbaum, der Venus die Myrthe, dem Herkules die Pappel; ja wir glauben sogar, daß, so wie dem Himmel, so auch den Wäldern ihre Gottheiten, nämlich die Silvane, die Faune und mancherlei Göttinnen, zugetheilt seyen. 2. Später haben die Bäume durch ihre Säfte, welche lieblicher sind als Getreide, den Menschen milder gemacht. Sie geben die Oelsalbe, welche die Glieder, und den Weintrank, welcher die Kräfte erfrischt, endlich so viele jedes Jahr von selbst wachsende Leckereien und Gerichte oder doch wenigstens, da man jetzt wegen dieser mit dem Wilde kämpft und den mit den Leichen der Schiffbrüchigen gemästeten Fischen nachstrebt, immer noch den Nachtisch. Außerdem leisten sie tausend Dienste, ohne welche man im Leben nicht bestehen könnte; mit dem Baume durchfurchen wir die Meere und nähern uns die Länder, mit dem Baume erbauen wir Wohnungen, aus dem Baume wurden auch die Götterbilder gemacht, als man noch keinen Werth für das Gerippe von Bestien **) ausgedacht hatte und bevor, als gehe von den Göttern selbst das Recht zur Ueppigkeit aus, Götterantlitze und Tischfüße aus demselben Elfenbeine zum Vorschein kamen. Man erzählt, daß Gallien, welches vorher durch die Alpen, ein noch als unübersteiglich geltendes Bollwerk, in Schranken gehalten wurde, zuerst Veranlassung nahm, sich über Italien zu ergießen, als einer seiner Bewohner, der Helvetier Helico, welcher sich der Bildhauerkunst wegen zu Rom aufhielt, bei seiner Heimkehr eine trockene Feige und eine Traube, so wie den Vorlauf von Oel und Wein mitbrachte. Man mag ihm deßhalb verzeihen, wenn es diese Dinge, und mußte es auch durch Krieg geschehen, aufsuchte.

*) Vgl. B. XVI. Kap. 5 und 6.
**) Für die Zähne der Elephanten.

III. Wer wird sich aber nicht mit Recht wundern, daß man einen Baum nur des Schattens wegen aus einem fremden Erdtheile holte? Wir meinen die Platane,*) welche zuerst über das jonische Meer auf die Insel des Diomedes**) wegen dessen Grabmals eingeführt wurde, von da nach Sicilien überging und einer der ersten Bäume war, womit Italien beschenkt wurde, jetzt aber bereits bis zu den Morinern***) vorgedrungen ist, wo sie sogar einen steuerpflichtigen Boden einnimmt, so daß die Völker auch für den Schatten Abgabe bezahlen müssen. Dionysius der ältere, Selbstherrscher von Sicilien,†) verpflanzte diese Bäume nach der Hauptstadt,††) wo sie als Merkwürdigkeit seiner Wohnung an der Stelle standen, wo später der Ringplatz angelegt wurde. Man findet jedoch bei den Schriftstellern, daß sie nicht zu dem gehörigen Umfange gedeihen konnten und daß sich damals auch schon einige in Italien und namentlich in Spanien befanden.†††)

IV. Dieß geschah zur Zeit der Eroberung der Stadt;*†) später gelangten sie zu solchem Ansehen, daß man sie durch Zugießen von reinem Wein aufzog, weil man dieß besonders ihren Wurzeln zu-

---

*) Platanus = platanus orientalis L.
**) S. Domenico. Vgl. B. III, Kap. 30, §. 1. B. X, Kap. 61, §. 2.
***) Vgl. B. IV, Kap. 31, §. 2.
†) Von 405 bis 367 vor Chr.
††) Nämlich Syrakus.
†††) Plinius scheint hier seine Quelle mißverstanden zu haben, denn Theophrast sagt nicht, daß sich die Platane schon in Spanien befand, sondern daß sie in ganz Italien selten war (σπανίαν δὲ καὶ ἐν Ἰταλίᾳ πάσῃ. Hist. Plant. IV, 7.
*†) Durch die Gallier, im J. 390 vor Chr.

träglich fand,*) und so lehrten wir auch die Bäume Wein trinken.

V. 1. Gepriesen wurden zuerst die auf dem Lustgange der Akademie**) zu Athen wegen ihrer dreiunddreißig Ellen langen und sich noch weiter als die Aeste ausdehnenden Wurzeln; jetzt ist eine, zu der sich noch die Annehmlichkeit einer kühlen Quelle gesellt, in Lycien***) berühmt; an der Landstraße stehend, mit einer herbergeartigen einundachtzig Fuß weiten Aushöhlung, mit waldähnlichem Gipfel und durch ungeheure, bäumengleiche Aeste selbst geschützt, bedeckt sie die Felder mit weithinreichenden Schatten, und damit nichts an dem Bilde einer Grotte fehle, zieht sich inwendig um den Felsengrund ein Kranz von bemoosten Bimssteinen; überhaupt ist sie der Bewunderung so sehr würdig, daß Licinius Mucianus, welcher dreimal Consul und kürzlich Legat in dieser Provinz war, es sogar der Nachwelt überliefern zu müssen glaubte, daß er innerhalb derselben mit achtzehn Gefährten gespeist und auf den Polstern, welche ihr eigenes Laub darbot, vor jedem Windzuge sicher und nur noch einen durch die Blätter rasselnden Regen herbeiwünschend, in ihr gelegen habe, mehr erfreut als durch Marmorglanz, bunte Malerei und vergoldetes Deckengetäfel. 2. Ein anderes Beispiel bietet der Fürst Cajus [Caligula], dessen Bewunderung ein solcher Baum in dem veliternischen Gebiete†) durch seine

---

*) Eine falsche Ansicht, eine solche Behandlung kann nur schädlich wirken.

**) Ein Ort nahe bei Athen am Cephissus, wo Plato und seine Nachfolger lustwandelnd Philosophie lehrten. Sulla ließ die Platanen umhauen und Kriegsmaschinen daraus verfertigen.

***) Vgl. B. V, Kap. 28.

†) Vgl. B. III, Kap. 9, §. 11.

Stockwerke und die auf dem Gebälke seiner Aeste weit ausgebreiteten Bänke erregte; er speiste auf demselben und obgleich er selbst einen guten Theil des Schattens einnahm,*) so faßte der Speiseraum doch noch fünfzehn Gäste und die Dienerschaft; er nannte dieses Gelag das Nest.**) Zu Gortyna***) auf der Insel Creta steht bei einer Quelle eine einzige, in den Denkmälern beider Sprachen†) gefeierte Platane, welche nie die Blätter verliert und welcher die griechische Fabelei sogleich zum Ueberflusse nachrühmte, daß Jupiter unter ihr die Europe umarmt habe, als ob nicht noch eine andere††) derselben Gattung auf Cypern vorhanden gewesen wäre. 3. Die Platanen indessen, welche von dieser (da ja die Natur des Menschen immer nach Neuem hascht) auf Creta selbst verpflanzt wurden, zeigten den alten Fehler†††) wieder, obwohl dieser Baum sich grade durch nichts mehr empfiehlt, als daß er im Sommer die Sonne abhält und im Winter zuläßt. Von dort übertrug unter der Regierung des Claudius ein Freigelassener des Marcellus Aeserninus,*†) der sich aber des Ansehens wegen unter die Freigelassenen des Kaisers aufnehmen ließ, ein äußerst reicher Verschnittener aus Thessalien, diese Gattung auch nach Italien und auf seine Landgüter und man könnte ihn deßhalb mit Recht einen

---

*) Weil er wohlbeleibt war.

**) Weil man dabei, wie die Vögel, gleichsam in einem Neste saß.

***) Vgl. B. IV, Kap. 20, §. 3.

†) Der griechischen und lateinischen.

††) Von beiden Platanen sprechen Theophrast (Hist. plant. I, 15) und Varro (de re rust. I, 7).

†††) Daß sie im Herbste die Blätter verlieren.

*†) Es gab mehrere angesehene Römer dieses Namens, wahrscheinlich ist der Enkel des Redners Asinius Pollio, dessen auch Tacitus (Ann. III, 11) und Suetonius (Octav. 43) erwähnen, gemeint.

zweiten Dionysius *) nennen. Noch jetzt sieht man fortwährend diese Weltwunder in Italien, freilich nebst andern, welche Italien selbst erdacht hat.

VI (II). Es gibt nämlich auch Zwergplatanen, von ihrer erzwungenen Kürze so genannt, denn wir haben auch Fehlgeburten der Bäume erfunden und deßhalb muß sogar bei ihrem Geschlechte das Unglück der Zwerge zur Sprache kommen. Man bewirkt dieß aber durch die Art und Weise, wie man sie pflanzt und beschneidet. Das Scheren des Gehölzes erfand zuerst C. Matius aus dem Ritterstande, ein Freund des göttlichen Augustus, **) in den letzten achtzig Jahren. ***)

VII (III). 1. Ausländisch sind auch die Kirschbäume und die Pfirsichbäume und alle, welche griechische oder fremde Namen haben; diejenigen von ihnen aber, welche man bereits zu den einheimischen zählt, sollen bei den Fruchtbäumen besprochen werden, †) gegenwärtig wollen wir bei den auswärtigen bleiben und mit dem heilsamsten beginnen. Der assyrische Apfelbaum, von Andern auch der medische

---

*) Weil dieser die Platane nach Sicilien, er aber nach Italien gebracht hatte.

**) So wie auch Cäsar's und Cicero's; er war ein allgemein geachteter Ehrenmann, der fern von allem Parteitreiben sich nur den Wissenschaften widmete; er starb um das Jahr 21 nach Chr.

***) Also (da Plinius wahrscheinlich seine Naturgeschichte im J. 78 nach Chr. herausgab, vgl. die Einleitung, S. 38) etwa im dritten Jahre vor unserer Zeitrechnung.

†) Von dem Kirschbaume ist B. XV, Kap. 30, von dem Pfirsichbaume B. XIII, Kap. 17 und B. XV, Kap. 11 die Rede.

genannt,*) ist ein Heilmittel gegen Gift;**) sein Blatt gleicht dem des Erdbeerbaums,***) nur laufen Dornen mitunter; die Frucht selbst wird übrigens nicht gegessen; auch zeichnet er sich durch den Geruch der Blätter aus, welcher in die Kleider, wenn man sie damit aufbewahrt, übergeht und schädliche Thiere abhält. Der Baum selbst trägt zu jeder Zeit Früchte; einige fallen ab, andere reifen und wieder andere wachsen nach. 2. Einige Völker haben versucht, ihn wegen der Vorzüglichkeit seiner Heilkraft in irdenen Gefäßen, worin man durch Löcher den Wurzeln Luft ließ, zu sich zu übertragen, wie ich denn, um es ein für allemal zu sagen, hier bemerken will, daß alle Gewächse, welche weit zu verschicken sind, auf das Engste eingesetzt und so übertragen werden; er wollte jedoch nur bei den Medern und in Persien gedeihen. Er ist aber derselbe Baum, dessen Fruchtkerne die vornehmen Perser, wie wir gesagt haben, des angenehmen Athems wegen mit den Speisen kochen. Außer ihm gibt es bei den Medern keinen andern Baum, welcher geschätzt wird.

VIII (IV). 1. Von den wolletragenden Bäumen der Serer haben wir bei der Erwähnung dieses Volkes erzählt,††) ebenso von der Größe der Bäume in Indien.†††) Von den Indien eigenthümlichen hat Virgilius *†) nur den Ebenbaum **†) gepriesen und erklärt, daß er

---

*) Malus assyria vel medica = citrus medica L., Citronenbaum. Seine Früchte, Wurzeln und Blätter werden jetzt noch häufig bei Arzneien, Speisen und Getränken gebraucht.

**) Vgl. B. XXIII, Kap. 56.

***) Er wird B. XV, Kap. 28 beschrieben.

†) Im vorhergehenden Buche, Kap. 115.

††) B. VI, Kap. 20, §. 2, vgl. weiter unten Kap. 21.

†††) B. VII, Kap. 2, §. 13.

*†) Georg. II, 116.

**†) Ebenus = Maba ebenus. Die Alten verstanden darunter

sonst nirgends wachse; Herodotus will ihn lieber für ein Erzeugniß Aethiopiens gehalten wissen, indem er erzählt,*) daß die Aethiopier alle drei Jahre nebst Gold und Elfenbein auch hundert Klötze von seinem Holze den Königen Persiens als Abgabe liefern mußten. Auch soll hier nicht unerwähnt bleiben, daß, wie aus derselben Mittheilung hervorgeht, die Aethiopier aus gleicher Ursache zwanzig große Elephantenzähne abgeben mußten. 2. In solchem Ansehen stand das Elfenbein im dreihundertundzehnten Jahre unserer Stadt [444 vor Chr.], denn zu dieser Zeit verfaßte jener Schriftsteller seine Geschichte zu Thurii **) in Italien. Um so mehr erregt es Verwunderung, wenn wir ihm glauben, daß damals weder in Asien und Griechenland noch ihm selbst Jemand bekannt gewesen sey, der den Fluß Padus [Po] gesehen hatte. Die kürzlich dem Fürsten Nero überbrachte Schilderung Aethiopiens hat, wie wir schon bemerkten,***) gezeigt, daß von Syene, der Grenze des Reiches, bis nach Meröe hin auf einem Raume von achthundertsechsundneunzigtausend Schritten [179 Meilen] die Bäume selten und keine andere als zur Palmengattung gehörende vorhanden seyen. Deßhalb nahm auch vielleicht der Ebenbaum seinem Werthe nach in der Abgabe die dritte Stelle ein.

IX. Rom zeigte ihn der große Pompejus beim Triumphe über

---

mehrere Baumarten, welche schwarzes Holz lieferten; vielleicht ist außer dem eigentlichen Ebenbaum noch vorzüglich die ebenholzartige Dattelpflaume (diospyros ebenum), welche in Ostindien große Wälder bildet, gemeint.

*) B. III, Kap. 97.

**) Vgl. B. III, Kap. 15, §. 2. Vgl. über Herodot die Bemerkungen über die in diesem Buche benützten Quellen.

***) B. VI, Kap. 35, §. 4 und 5.

Mithridates.*) Fabianus stellt in Abrede, daß er in Flamme auflodere, er verbrennt jedoch mit angenehmem Geruche. Es gibt zwei Arten desselben; die eine bessere und seltene**) ist baumartig, mit knotenlosem Stamme und einem Holze von schwarzem Glanze, welcher auch ohne Kunst sogleich schon gefällt, die andere strauchartig,***) wie der Geißklee,†) und über ganz Indien verbreitet.

X (V). Es wächst hier auch noch ein ähnlicher Dornstrauch, der aber sogar schon von einem Lichte ergriffen wird, da das Feuer sogleich auf ihn überspringt.††) — Nun will ich von den Bäumen sprechen, welche der große Alexander auf seinem Siegeszuge, wodurch jener Erdtheil erschlossen wurde, bewunderte.

XI. 1. Der Feigenbaum†††) hat dort winzige Früchte; er pflanzt sich stets selbst fort, indem er seine ungeheueren Aeste ausbreitet, von denen die untersten sich so weit nach dem Boden herab biegen, daß sie sich nach Jahresfrist einsenken und wie durch Kunstgärtnerei rings um den Hauptstamm eine neue Pflanzung bilden. Innerhalb dieser zugleich schattigen und durch den selbst als Wall dienenden Baum geschützten Umzäunung, welche von unten und von fern betrachtet, durch ihren rundum laufenden Bogengang ein zierliches Ansehen hat, halten sich während des Sommers die Hirten auf.

---

*) Vgl. B. VII, Kap. 27.

**) Welche im vorhergehenden Kapitel erwähnt wurde.

***) Das Schwarzholz (diospyros melanoxylon); Plinius nennt es strauchartig, weil es viele Aeste vom Boden an hat.

†) Vgl. B. XIII, Kap. 47.

††) Im Gegensatze des Ebenbaums, welcher nicht in Flamme geräth. Welcher Dornstrauch hier gemeint ist, dürfte schwer zu bestimmen seyn.

†††) Ficus religiosa L.

Seine oberen Aeste ragen auf dem ungeheuern Mutterstamme in waldartiger Fülle in die Höhe und bilden meist einen Umkreis von sechzig Schritten, bedecken aber mit ihrem Schatten einen Raum von zwei Stadien [250 Schritten]. Die Blätter haben in der Breite die Gestalt eines Amazonenschildes,*) sie sind deßhalb dem Wachsthume der Frucht, da sie dieselbe bedecken, hinderlich; sie ist spärlich und nicht größer als eine Bohne, wenn sie aber von den Sonnenstrahlen durch die Blätter hindurch zur Reife gebracht wird, so ist sie von äußerst süßem Geschmacke**) und des Wunderbaumes würdig; er wächst hauptsächlich am Flusse Acesines.***)

XII (VI.) Ein anderer ist noch größer und hat auch durch die Süßigkeit seiner Frucht, von welcher die Weisen der Inder †) leben, den Vorzug. ††) Sein Blatt gleicht den Flügeln eines Vogels und ist drei Ellen lang und zwei breit; †††) er treibt die Frucht, welche durch die Süßigkeit ihres Saftes Bewunderung erregt, aus der Rinde *†) und eine einzige sättigt vier Menschen. Der Baum heißt Pala, die Frucht Ariena. **†) Am häufigsten ist er im Gebiete der Sydracer, ***†)

---

*) B. III, Kap. 6, §. 5. Die Blätter sind nicht halbmondförmig, sondern länglich spitz.

**) Die Frucht reift immer, schmeckt aber nicht angenehm und wird fast nur von den Vögeln gefressen.

***) Vgl. B. VI, Kap. 23, §. 1.

†) Vgl. B. VI, Kap. 2, §. 14.

††) Der Pisang (musa paradisiaca, Paradiesfeige) ist hier gemeint.

†††) Nach genauer Angabe neuerer Naturforscher 8 bis 10 Fuß lang und 2 Fuß breit.

*†) Oder vielmehr aus dem Herzen der Blätter.

**†) In Malabar heißt der Baum jetzt noch Bala.

***†) Oder Syndracer, wie sie B. VI, Kap. 25, §. 1 heißen.

dem Endpunkte der Feldzüge Alexanders. Es gibt auch noch einen andern diesem ähnlichen Baum,*) dessen Frucht süßer, aber der Gesundheit der Eingeweide nachtheilig ist. Alexander hatte den Befehl gegeben, daß keiner von seinem Heere diese Frucht berühren solle.

XIII. Die Macedonier**) schilderten die Baumarten, den größten Theil derselben jedoch ohne Benennung. So gibt es auch einen, welcher sonst in Allem dem Terpenthinbaume,***) der Frucht nach aber den Mandeln gleicht, nur ist sie von geringerer Größe und vorzüglicher Süßigkeit. Manche glaubten indessen, daß bei den Bactrern †) dieser Baum eher eine eigene Art Terpenthinbaum, als diesem nur ähnlich sey. Derjenige aber, woraus man dort die leinenen Kleider macht,††) gleicht den Blättern nach dem Maulbeerbaume,†††) dem Fruchtkelche nach der Hundsrose.*†) Man pflanzt ihn auf den Feldern, auch kann man den Landhäusern kein angenehmeres Aussehen geben.

XIV (VII). 1. Die indischen Oelbäume tragen, mit Ausnahme der wilden, keine Früchte.**†) Hier und da aber kommen die Bäume vor, welche den Pfeffer***†) erzeugen und unseren Wachholdersträuchen

---

*) Wahrscheinlich ebenfalls eine Pisangart, vielleicht die wilde, schwerlich aber, wie Manche angeben, die Muskäse (tamarindus indica), welche mit dem Pisang keine Aehnlichkeit hat.

**) Welche den Feldzug nach Indien mitmachten.

***) Terebinthus = Pistacea terebinthus L.

†) Vgl. B. VI, Kap. 18, §. 3. Wenn der Baum nicht wirklich Terpenthinbaum ist, so dürfte er schwer zu bestimmen seyn.

††) Die Baumwolle (gossypium indicum).

†††) Vgl. B. XVI, Kap. 41.

*†) Vgl. B. XXIII, Kap. 74. B. XXIV, Kap. 6.

**†) Welche Bäume hier gemeint sind, läßt sich nicht errathen.

***†) Piper = piper nigrum L.

ähnlich sind,*) obgleich Manche behauptet haben, daß sie nur an der gegen die Sonnenstrahlen liegenden Außenseite des Kaukasus wachsen. Die Samenkörner unterscheiden sich von dem Wachholder durch kleine Schoten, wie wir sie an den Schminkbohnen**) sehen. Pflückt man diese, ehe sie aufbrechen, und dörrt sie an der Sonne, so wird daraus der sogenanute lange Pfeffer;***) brechen sie aber durch die Reife ein wenig auf, so zeigen sie den weißen Pfeffer, welcher jedoch, wenn man ihn darauf an den Sonnenstrahlen dörrt, die Farbe verändert und runzelig wird.†) 2. Aber auch sie sind der Verderbniß ausgesetzt und werden durch Ungunst der Witterung brandig; die Samenkörner sind dann taub und leer; man nennt dieß Brechma, was in der Sprache der Inder eine Fehlgeburt bedeutet. Dieser Pfeffer ist von allen Arten der herbste und leichteste und dabei blaß; angenehmer ist der schwarze, milder als beide der weiße. Was man Zimpiber oder auch Zingiber††) nennt, ist, obgleich es einen ähnlichen Geschmack hat, doch nicht, wie Manche geglaubt haben, die Wurzel dieses Baumes, denn es wächst in Arabien und im Troglodytenlande†††) bei den Dörfern und ist ein kleines Kraut mit weißer Wurzel. 3. Diese wird trotz

---

*) Der Pfeffer, eine Schlingpflanze, gleicht keineswegs dem Wachholder; die Beeren beider Pflanzen können jedoch einigermaßen miteinander verglichen werden.

**) Vgl. B. XVIII, Kap. 33. Der Pfeffer wächst bekanntlich nicht in Schoten, sondern an Aehren.

***) So nennt man jetzt in den Apotheken den getrockneten Schwanzpfeffer, welcher vielleicht auch hier zu verstehen ist.

†) Dieß ist der schwarze Pfeffer; wenn man aber von den reifen Beeren das Fleisch abbeizt, so daß nur der Samen übrig bleibt, so ist dieser der weiße Pfeffer.

††) Ingwer (zingiber officinale L.).

†††) Vgl. B. VI, Kap. 34.

ihrer so großen Bitterkeit doch schnell von der Fäulniß ergriffen. Der Preis eines Pfundes beträgt sechs Denare. Der lange Pfeffer wird sehr leicht durch alexandrinischen Senf verfälscht; man kauft ihn das Pfund zu fünfzehn, den weißen zu sieben, den schwarzen zu vier Denare.*) Wunderbar ist's, daß man an dem Verbrauche desselben so sehr Gefallen gefunden hat, denn bei andern Dingen bestach die Süßigkeit und bei wieder andern die Gestalt, dieser aber empfiehlt sich weder durch eine Frucht, noch durch eine Beere; er gefällt nur wegen seiner Bitterkeit und weil man diese bei den Indern holt. Wer mag wohl zuerst Lust gehabt haben, ihn in den Speisen zu versuchen, oder wem war, um nach ihm zu verlangen, der Hunger nicht Freßgier genug? 4. Beide Erzeugnisse**) wachsen in ihrer Heimath wild und doch werden sie nach dem Gewichte gekauft, wie das Gold und das Silber. Auch Italien hat bereits einen Pfefferbaum,***) welcher größer als die Myrthe und ihr nicht unähnlich ist. Sein Korn soll dieselbe Bitterkeit haben, wie frisch gepflückter Pfeffer, es fehlt ihm aber jene vollkommene Reife und deßhalb auch die Aehnlichkeit in den Runzeln und in der Farbe. Der Pfeffer wird durch Wachholderbeeren, welche wundersam seine Schärfe annehmen, verfälscht und auch im Gewicht noch auf vielfache Weise.

XV. 1. Es gibt ferner in Indien ein pfefferähnliches Korn,

*) Der Denar betrug zur Zeit, als Plinius schrieb, etwa zwanzig Kreuzer.

**) Der Pfeffer und der Ingwer.

***) Wahrscheinlich der ächte Steinzeidelbast (daphne gnidium), dessen Pflaumen denen der Myrthe gleichen und schon von den Alten unter dem Namen granum gnidium als starkes Abführmittel gebraucht wurden. Vgl. B. XIII, Kap. 35.

welches Garyophyllon *) heißt und größer und zerbrechlicher ist. Es soll in einem indischen Haine wachsen und wird des Geruches wegen eingeführt. Eine pfefferähnliche Frucht von besonderer Bitterkeit trägt auch ein Dornstrauch **) mit kleinen dichten Blättern, wie die des Cypros, ***) drei Ellen langen Aesten, blasser Rinde und breiter holziger Wurzel von Buchsfarbe. Aus dieser macht man, indem man sie in einem ehernen Gefäße sammt dem Samen in Wasser einweicht, die Arznei, welche Lycion †) heißt. 2. Ein solcher Dornstrauch ††) wächst auch auf dem Berge Pelios †††) und man verfälscht damit die Arznei, ebenso auch mit Affodillwurzel *†) oder Ochsengalle oder Wermuth, **†) oder Schmack ***†), oder Oeldrusen. †*) Zur Arznei taugt am besten das Lycium, welches schäumt; die Inder schicken es in Schläuchen von Kameel- oder Rhinoceroshäuten. Den Dornstrauch selbst nennen in Griechenland Einige Chironsbuxbaumdorn. †**)

---

*) Hier ist nicht die Gewürznelke, welche jetzt diesen Namen führt, gemeint, denn man kannte sie damals in Europa noch nicht, sondern der Schwanzpfeffer (piper cubeba).

**) Die Gummischelfe (acacia catechu).

***) Vgl. weiter unten Kap. 51.

†) Jetzt nennt man dieses noch in Asien beliebte Heilmittel Catechu und gebraucht es zur Befestigung der Zähne und gegen Durchfall und Augenschmerzen.

††) Wahrscheinlich der Teufelszwirn (lycium europaeum L.).

†††) Vgl. B. IV, Kap. 14, §. 2.

*†) Vgl. B. XXI, Kap. 68.

**†) Vgl. B. XXVII, Kap. 28.

***†) Vgl. B. XIII, Kap. 13.

†*) Vgl. B. XV, Kap. 8.

†**) Pyxacanthus Chironius; wahrscheinlich von Chiron, dem Arzte; vgl. auch B. XXIV, Kap. 77.

XVI (VIII). Aus Indien wird auch das Macir*) gebracht, die röthliche Rinde einer großen Wurzel, welche mit ihrem Baume gleichen Namen führt; was für ein Baum es aber ist, habe ich nicht erfahren können. Die Rinde mit Honig gekocht gilt in der Heilkunde als ein vorzügliches Mittel für solche, welche an der Ruhr leiden.

XVII. Zucker bringt auch Arabien hervor, mehr wird jedoch der aus Indien geschätzt; er ist aber ein in Rohren gesammelter Honig, weiß wie Gummi, bröckelt sich unter den Zähnen, hat höchstens die Größe einer Haselnuß und wird nur als Arznei gebraucht.**)

XVIII. Ein an die Inder grenzendes Volk heißt das arianische;***) es besitzt einen kostbaren harzausschwitzenden, dem Myrrhenbaume†) ähnlichen und der Stacheln wegen schwer zugänglichen Dornstrauch.††) Daselbst wächst auch eine giftige kohlartige Staude,†††) deren Blatt dem des Lorbeers gleicht und einen Geruch hat, welcher die Pferde anlockt und Alexander bei dem ersten Ein-

---

*) Läßt sich, da eine genauere Bezeichnung fehlt, nicht bestimmen. Einige halten es für die Rhabarber, Andere für die Herzramsel (soulamea amara) und wieder Andere für die Muskatblüthe (macis).

**) Plinius meint trotz der nicht genauen Beschreibung den wirklichen Rohrzucker, der zu seiner Zeit nur als verdickter Saft nach Europa kam, und nicht, wie Manche annehmen, das Tabarir, eine stärkemehlähnliche Substanz, welche sich in dem Baumschilfe (bambusa arundinacea) absetzt.

***) Vgl. B. VI, Kap. 25, §. 4.

†) Vgl. weiter unten Kap. 33—35.

††) Jedenfalls eine Gummischelfe; welche aber, dürfte schwer zu bestimmen seyn, vielleicht acacia latronum.

†††) Was für eine Staude hier gemeint ist, läßt sich nicht errathen.

marsch fast seiner Reiterei beraubte, was ihm auch bei den Gedrosern*) begegnete. Auch soll es daselbst einen Dornstrauch mit lorbeerartigem Blatte geben, durch dessen Saft alle Thiere, wenn man ihnen denselben in die Augen spritzt, blind werden, ebenso ein Kraut von besonderem Geruch, welches mit kleinen Schlangen angefüllt ist, an deren Biß man sogleich sterben muß.**) Onesicritus schreibt, daß es in den Thälern Hyrcaniens***) Bäume gebe, Occhi genannt, welche den Feigenbäumen ähnlich seyen und aus denen des Morgens zwei Stunden lang Honig fließe.†)

XIX (IX). 1. In der Nähe ist Bactriana,††) wo das vielgepriesene Bdellium†††) wächst. Der Baum ist schwarz und hat die Größe des Oelbaums, die Blätter der Eiche und die Frucht und Beschaffenheit der Geisfeige.*†) Einige nennen das Harz Brochon, Andere Malacha und wieder Andere Maldacon, das schwarze und in Klümpchen zusammengerollte aber Hadrobolon.**†) Es muß aber, durchsichtig, dem Wachse ähnlich, wohlriechend und, wenn man es reibt, fett und von Geschmack bitter, aber ohne Säure seyn. Wenn

*) Vgl. B. VI. Kap. 25, §. 1.

**) Es wäre sehr überflüssig, nach diesen nicht näher bezeichneten Gewächsen zu forschen.

***) An der nordwestlichen Küste des kaspischen Meeres.

†) Hier ist ohne Zweifel der Mannaklee (hedysarum alhagi) gemeint, aus dessen Zweigen ein süßer Saft (die persische Manna) fließt.

††) Vgl. Bd. VI. Kap. 25, §. 1.

†††) Wahrscheinlich die Weinwunne (borassus flabelliformis), welche Palmwein und Syrup liefert.

*†) Vgl. B. XV, Kap. 21.

**†) Diese Ausdrücke bezeichnen den Unterschied zwischen dem weichen und festen Bdellium.

es bei Opfern mit Wein begossen wird, riecht es noch besser. Es wächst auch in Arabien und Indien, sowie auch in Medien und Babylon. Einige nennen das aus Medien gebrachte peratisches.*) Dieses ist leichter zu handhaben, rindiger und bitterer, das indische feuchter und harzig. 2. Man verfälscht dieses mit Mandelkernen und die übrigen Arten auch mit der Rinde des Scordastus, wie man einen Baum mit einem fast gleichkommenden Harze nennt.**) Sie verrathen sich aber (was ein für allemal auch für die übrigen Riechwaaren gesagt seyn soll) durch den Geruch, die Farbe, das Gewicht, den Geschmack und das Feuer. Das bactrianische hat einen trockenen Glanz und viele klauenförmige weiße Flecken, außerdem sein bestimmtes Gewicht, welches nicht schwerer oder leichter seyn darf. Der Preis für ein Pfund des ächten beträgt drei Denare [einen Gulden].

XX. An die oben erwähnten Völker stößt Persien, wo das rothe Meer, welches wir in dieser Gegend das persische genannt haben,***) seine Fluthen weit in das Land wälzt, wodurch die Bäume †) eine wunderbare Beschaffenheit erhalten, denn man sieht, wie sie vom Salze zerfressen, als wären sie gestrandet und verlassen, auf dem trocknen Ufer mit den nackten Wurzeln gleich Armkraken den dürren Sand umklammern und obgleich sie bei der wiederkehrenden See von den Wogen gepeitscht werden, unbeweglich Widerstand leisten; ja bei voller Fluth werden sie sogar ganz bedeckt und es erhellt aus diesen Thatsachen,

*) Vielleicht vom Euphrat (Perat, Frat); nach Andern ἐκ περάτων γῆς, vom Ende der Welt.

**) Dieser Baum läßt sich nicht errathen.

***) B. VI, Kap. 28, §. 1.

†) Man kann hier den Wurzelbaum (rhizophora candelaria) nicht verkennen.

daß sie aus der Schärfe des Wassers ihre Nahrung ziehen. Ihre Größe ist erstaunlich, ihre Gestalt gleicht dem Erdbeerbaume,*) ihre Frucht von außen den Mandeln und hat inwendig gewundene Kerne.

XXI (X). In demselben Busen liegt die Insel Tylos,**) welche an der Ostseite mit Wald bedeckt ist und daselbst ebenfalls von der Meeresfluth überschwemmt wird. Die einzelnen Bäume***) haben die Größe des Feigenbaumes, eine Blüthe von unbeschreiblicher Süßigkeit und eine der Feigbohne†) ähnliche Frucht, welche aber ihrer Herbe wegen von keinem Thiere berührt wird. In einer höheren Gegend der Insel wachsen wolletragende Bäume, jedoch von anderer Art als die der Serer; sie haben unfruchtbare Blätter††) und wären diese nicht kleiner, so könnten sie für Rebenblätter gelten. Sie tragen Kürbisse von der Größe eines Quittenapfels,†††) welche bei der Reife bersten und die Wollknäuel zeigen, aus welchen man Kleider von kostbarer Leinwand macht.

(XI). Man nennt diese Bäume Baumwollenbäume *†) und noch fruchtbarer daran ist das zehntausend Schritte [zwei Meilen] weit entfernte kleine Tylos.**†)

XXII. Juba schreibt, daß es auch an einem Strauche Wolle gebe***†) und daß die Leinenzeuge daraus vorzüglicher seyen, als die

*) Vgl. B. XV, Kap. 28.

**) Jetzt Bahrein, vgl. B. VI, Kap. 32, §. 6.

***) Wahrscheinlich der Salzbaum (avicennia tomentuosa).

†) Vgl. B. XVIII, Kap. 36.

††) Nämlich Blätter ohne Wolle; vgl. B. VI, Kap. 20, §. 2.

†††) Vgl. B. XV, Kap. 10.

*†) Arbores gossympini = Gossypium nigrum.

**†) Kann nicht wohl eine andere Insel seyn als Arad, obgleich diese nicht so weit von Bahrein entfernt ist.

***†) Die weiße Baumwolle (gossypium album).

indischen, daß aber diese Bäume Arabiens, von denen man Kleider mache, Cyna hießen und Blätter hätten, welche denen der Palme ähnlich seyen. — So werden die Inder von ihren Bäumen bekleidet. Auf den Tylos aber hat ein anderer Baum eine Blüthe von der Gestalt des weißen Veilchens,*) aber viermal größer und ohne Geruch, was in jenem Landstriche überraschend für uns ist.

XXIII. Es gibt daselbst noch einen andern ähnlichen, aber blätterreicheren**) Baum mit rosenartiger Blüthe, welche er des Nachts schließt, beim Aufgange der Sonne zu öffnen beginnt und am Mittage ganz entfaltet; die Eingeborenen sagen, sie schlafe. Dieselbe Insel trägt auch Palmen, Oelbäume, Reben und nebst den übrigen Obstarten auch Feigen; kein Baum verliert hier die Blätter, auch wird sie von kühlen Quellen bewässert und erhält Regen.

XXIV. Das diesen Inseln nahe Arabien erheischt eine Unterscheidung der verschiedenen Pflanzengattungen, denn ihr Ertrag besteht in der Wurzel, dem Strauche, der Rinde, dem Safte, dem Harze, dem Holze, dem Reise, der Blüthe, dem Blatte und der Frucht.

XXV (XII). Eine Wurzel und ein Blatt stehen bei den Indern in sehr hohem Werthe. Die Costwurz***) hat einen brennenden Geschmack und einen ausgezeichneten Geruch, sonst aber ist der Strauch unnütz. Auf der gleich an der äußersten Mündung des Indus liegenden Insel Patale†) gibt es zwei Arten derselben; eine schwarze und

---

*) Vgl. B. XXI. Kap. 14.

**) Nicht zu bestimmen, vielleicht ein Biberbaum (Magnolia).

***) Costus = costus speciosus; die Wurzel wird nur noch wenig gebraucht.

†) Vgl. B. VI, Kap. 23, §. 1.

eine weißliche, welche die bessere ist. Der Preis des Pfundes beträgt sechs Denare [zwei Gulden].

XXVI. 1. Mehr muß von dem Blatte der Narde,*) als der Hauptzuthat bei den Salben, gesagt werden. Sie ist eine Staude mit schwerer und dicker, aber kurzer und schwarzer und, obgleich fetter, doch sich bröckelnder und, wie die Cyperwurz,**) nach Schimmel riechender, herb schmeckender Wurzel und kleinem, dichtem Blatte. Die Gipfel theilen sich in Rispen und der Narde wird deßhalb der doppelte Werth ihrer Aehren und ihrer Blätter nachgerühmt. Eine andere am Ganges wachsende Gattung derselben, welche Ozänitis***) heißt und einen Jauchegeruch hat, wird gänzlich verachtet. 2. Sie wird auch durch die falsche Narde †) ein Kraut mit dickerem und breiterem Blatte und von matter, in das Weiße fallender Farbe, welches überall wächst, verfälscht, ebenso des Gewichts wegen durch Beimischung ihrer eigenen Wurzel, durch Harz und durch Silberglätte ††) oder Spießglas †††) und durch Cyperwurz oder Rinde von Cyperwurz. Die ächte erkennt man indessen an der Leichtigkeit, der rothen Farbe, der Lieblichkeit des Geruchs und besonders am Trockenwerden des Mundes beim Kosten und am angenehmen Geschmacke. Der Preis eines Pfundes Aehren beträgt hundert Denare. Den Marktpreis des Blattes hat man verschieden gestellt; die Narde mit größeren Blättern und von ihrem Umfange Hadrosphärum [dickrund] genannt, kostet fünfzig Denare, die mit kleinerem Blatte,

*) Nardus = nardostachys spica.

**) Vgl. B. XXI, Kap. 70.

***) Stinkkraut, auch Gangesnarde (Gangitis) genannt. Nicht zu bestimmen.

†) Soll Allermannsharnisch (allium victorialis) seyn.

††) Vgl. B. XXXIII, Kap. 35.

†††) Vgl. ebend. Kap. 33.

welche Mesosphärum [mittelrund] heißt, sechzig Denare; die geschätzteste heißt Microsphäron [kleinrund] und hat die kleinsten Blätter; ihr Preis beträgt fünfundsiebenzig Denare. 3. Alle haben einen angenehmen Geruch, die frischen jedoch einen besseren. Je dunkler die Farbe mit dem Alter der Narde wird, desto vorzüglicher ist sie. In unserem Reiche nimmt den ersten Rang die syrische,*) den zweiten die gallische**) und den dritten die cretische***) ein, welche bei Manchen auch die wilde, bei Andern Phu heißt, mit Blättern, wie die Pferdeeppich,†) einem ellelangen, knotigen, licht purpurrothen Stengel und einer schrägen, langfaserigen, Vogelfüßen ähnlichen Wurzel. Baccharis heißt die Feldnarde, von welcher wir bei den Blumen sprechen werden. ††) Alle diese Arten sind, mit Ausnahme der indischen, Kräuter. 4. Unter ihnen wird die gallische mit der Wurzel ausgezogen, mit Wein abgespült, im Schatten getrocknet und päckchenweise in Papier zusammengebunden; sie unterscheidet sich nicht viel von der indischen, ist jedoch leichter als die syrische; sie kostet drei Denare. Ihre Aechtheit läßt sich nur daran erkennen, daß die Blätter sich nicht bröckeln und mehr trocken als dürr sind. Mit der gallischen Narde wächst immer ein Kraut,†††) welches seines starken Geruchs wegen Hirculus [Böcklein] heißt und ihr so ähnlich ist, daß sie meist damit verfälscht wird; der Unterschied besteht nur darin, daß es keinen Stengel und kleinere Blätter hat und daß seine Wurzel weder bitter noch wohlriechend ist.

---

*) Oder die ächte, welches auch in Syrien wächst.

**) Celtischer Baldrian (valeriana celtica).

***) Welscher Baldrian (valeriana phu); vgl. B. XXI, Kap. 79.

†) Vgl. B. XIX, Kap. 48.

††) Vgl. B. XXI, Kap. 16.

†††) Wahrscheinlich auch eine Baldrianart.

XXVII (XIII). Auch die Haselwurz *) hat die Kraft der Narde und wird selbst von Manchen die wilde Narde genannt; sie hat aber Blätter, wie der Epheu, nur sind sie runder und weicher, eine purpurrothe Blüthe, eine Wurzel, wie die gallische Narde, und einen traubenähnlichen Samen von brennendem, weinigem Geschmacke. Auf schattigen Bergen blüht sie zweimal des Jahres. **) Die beste Art findet man in Pontus, ***) die nächste in Phrygien †) und die dritte in Illyrien. Sie wird, wenn sie Blätter zu treiben anfängt, ausgegraben und an der Sonne getrocknet, indem sie schnell Schimmel zieht und abnimmt. Kürzlich wurde auch in Thrazien ††) ein Kraut gefunden, dessen Blätter sich in nichts von der indischen Narde unterscheiden.

XXVIII. 1. Gebraucht wird auch die Amomumtraube von der indischen wilden Weinrebe †††) oder, wie Andere glauben, von einem myrthenartigen Strauche von der Höhe einer Hand; sie wird mit der Wurzel ausgerupft und handvollweise sanft zusammengelegt, weil sie sich sogleich bröckelt. Am meisten wird das Amomum geschätzt, wenn seine Blätter denen des Granatapfels *†) gleichen und nicht runzelig sind und wenn es eine röthliche Farbe hat; von zweiter Güte ist das blasse, schlechter das krautartige und am schlechtesten das weiße, welche Farbe es auch durch das Alter bekommt. Das Pfund Trauben kostet sechzig Denare, abgebeertes Amomum aber achtundvierzig Denare.

---

*) Asarum = asarum europaeum L.
**) Eine falsche Behauptung.
***) Vgl. B. II, Kap. 48, §. 1.
†) Vgl. B. V, Kap. 41.
††) Vgl. B. IV, Kap. 18.
†††) Einer Klimme (cissus), wahrscheinlich cissus vitiginea.
*†) Vgl. B. XIII, Kap. 34.

2. Es wächst auch in dem Theile Armeniens, welcher Otene*) heißt, so wie in Medien**) und in Pontus. Verfälscht wird es durch Granatblätter und flüssiges Harz, damit es sich zusammenhänge und traubenartig balle. Man hat auch ein solches, welches Amomis heißt und weniger äderig, härter und nicht so wohlriechend ist, woraus erhellt, daß es entweder eine andere Art ist oder unreif gesammelt wird.

XXIX. Einen ähnlichen Namen und Strauch hat die Cardamome,***) aber länglichen Samen. Man erntet sie auf diese Weise †) auch in Arabien. Es gibt vier Arten derselben; am meisten geschätzt wird die hochgrüne und fette mit spitzen Ecken, welche sich nur schwer bröckeln läßt, die nächstbeste ist die röthlich weiße, die dritte die kürzere und schwärzere, die schlechtere aber die bunte und leicht zerreibbare, welche auch einen schwachen Geruch hat, der, wenn er der wahre seyn soll, dem der Costwurz††) nahe kommen muß. Sie wächst auch bei den Medern. Der Preis für ein Pfund des besten beträgt 12 Denare.

XXX. 1. Der Namensverwandtschaft nach würde dem Cinnamomum †††) die nächste Stelle gebühren, wenn es nicht angemessen erschiene, zuerst die Schätze Arabiens und die Ursachen zu nennen, welche ihm den Namen des glücklichen und seligen verschafften. Seine Haupterzeugnisse sind der Weihrauch und die Myrrhe;*†) die letztere hat es mit den Troglodyten**†) gemein.

---

*) Vgl. B. VI, Kap. 16, §. 2.

**) Vgl. B. VI, Kap. 29, §. 3.

***) Cardamomum = amomum cardamomum. Ist jetzt noch Apothekerwaare.

†) D. h. sie wird mit der Wurzel ausgezogen.

††) Vgl. oben Kap. 25.

†††) Vgl. weiter unten Kap. 42.

*†) S. weiter unten Kap. 33.

**†) An der Küste von Nubien und Abessynien, vgl. B. VI, Kap. 24.

(XIV). Weihrauch gibt es aber nirgends als in Arabien und nicht einmal in ganz Arabien.*) Ungefähr in der Mitte desselben im Sabäerlande**) befindet sich der Bezirk der Atramiten auf einem hohen Berge, von welchem die weihrauchtragende Gegend, Saba genannt (was nach der Bemerkung der Griechen Geheimniß bedeuten soll), acht Tagreisen entfernt ist; sie liegt nach Sommersonnenaufgang [Nordosten], ist allenthalben durch Felsen unzugänglich und hat zur rechten ein durch Klippen gesperrtes Meer. 2. Der Boden soll daselbst röthlich milchfarben seyn; die Länge der Wälder beträgt zwanzig Schönus, die Breite halb so viel. Nach der Berechnung des Eratosthenes mißt der Schönus vierzig Stadien, d. h. fünftausend Schritte [eine Meile]; Manche geben dem Schönus nur zweiunddreißig Stadien. Es erheben sich hier hohe Hügel und die sich selbst verpflanzenden Bäume reichen bis zu den Ebenen herab. Die Erde muß thonig seyn, da die Quellen selten und salpeterhaltig sind. Daran stößt auch der Bezirk der Minäer,***) durch welchen auf einem einzigen schmalen Pfade die Ausfuhr stattfindet. Diese beschäftigten sich zuerst mit dem Weihrauchhandel und treiben ihn auch hauptsächlich noch jetzt, woher auch der minäische Weihrauch seinen Namen hat. 3. Auch sehen außer ihnen keine andere Araber den Weihrauchbaum, ja nicht einmal sie alle, denn es sollen nur dreimaltausend Familien seyn, welche dieses Recht durch Erbfolge in Anspruch nehmen; sie sollen deßhalb heilig genannt werden, sich auch nicht, wenn sie die Bäume schneiden oder

*) Ein Irrthum der Alten; auch aus Indien kommt Weihrauch.

**) Im heutigen Jemen; über die Oertlichkeiten vgl. B. VI, Kap. 22, §. 12.

***) Nach C. Ritter (Erdkunde XIII, 314) sind die Minäer die heutigen Jemener.

aberndten, durch die Berührung eines Weibes oder einer Leiche beflecken und durch diesen frommen Brauch ihre Waare vermehren. Manche behaupten, das Recht auf die Wälder stände allen diesen Volksstämmen ohne Unterschied zu, nach Andern theilen sie sich abwechselnd jedes Jahr darin.

XXXI. 1. Auch ist man über das Aussehen des Baumes selbst nicht einig. Wir haben in Arabien Krieg geführt und die römischen Waffen sind in einem großen Theil desselben vorgedrungen; auch Cajus Cäsar, der Sohn des Augustus, hat sich dort Ruhm erworben*) und doch ist (so viel ich wenigstens weiß) von keinem Lateiner das Aussehen dieser Bäume beschrieben worden. Die Erzählungen der Griechen stimmen nicht überein; einige berichten, er habe Blätter wie der Birnbaum, nur kleiner und grasfarbig, andere, er gleiche dem Mastixbaume**) und habe röthliche Blätter; manche behaupten, er sey ein Terpentinbaum***) und der König Antigonus,†) welchem man eine Staude brachte, sey ebenfalls dieser Meinung gewesen. 2. Der König Juba sagt in den Büchern, die er für Cajus Cäsar, den Sohn des Augustus, welcher von der Berühmtheit Arabiens begeistert ward schrieb, der Baum habe einen gewundenen Stamm, Aeste fast wie der pontische Ahorn††) und schwitze einen Saft aus wie der Nadelbaum,†††) so zeige er sich in Carmanien*†) und in Aegypten, wo

---

*) Vgl. B. VI, Kap. 32, §. 17.

**) Vgl. B. XIV, Kap. 6 und 31.

***) Vgl. B. XIII, Kap. 12.

†) Antigonus Gonatas, Sohn des Demetrius Poliorcetes, Knig. von Macedonien (283 – 240 vor Chr.).

††) Vgl. B. XVI, Kap. 26.

†††) Vgl. B. XV, Kap. 33.

*†) Vgl. B. VI, Kap. 27.

er durch die Bemühung des Herrscherstammes der Ptolemäer angepflanzt worden sey. Fest steht, daß er eine Rinde hat, wie der Lorbeerbaum;*) Manche behaupten, daß auch das Blatt ähnlich sey. So war wenigstens der Baum zu Sardes**) beschaffen, denn auch die Könige Asiens trugen Sorge, ihn zu ziehen. Die Gesandten, welche zu meiner Zeit aus Arabien kamen, haben Alles noch ungewisser gemacht, worüber wir billig staunen müssen, da sogar Weihrauchzweige zu uns gelangen, nach welchen man dem Glauben Raum geben kann, daß auch der Mutterbaum in einem runden und knotenlosen Stamme emporwachse.***)

XXXII. Man pflegte des Jahres nur einmal zu erndten, als sich noch weniger Gelegenheit zum Absatz bot; jetzt hat der Gewinn bereits eine zweite Lese veranlaßt. Die erste und natürliche Lese findet beim Aufgange des Hundssterns in der stärksten Hitze statt, indem man da, wo die Rinde am meisten gefüllt und durch die Spannung am dünnsten zu seyn scheint, einen Einschnitt macht. Man erweitert hier die Wunde, nimmt aber nichts hinweg. Es springt nun ein fetter Schaum heraus und dieser gerinnt und verdichtet sich, so wie man ihn, wo es die Beschaffenheit des Ortes erheischt, auf einer Palmmatte und sonst auf einer ringsum geschlagenen Tenne auffängt.

---

*) Vgl. B. XV, Kap. 39.

**) Vgl. B. V, Kap. 30. B. XVI, Kap. 59.

***) Jetzt weiß man noch ebenso wenig über den arabischen Weihrauchbaum: man hält ihn gewöhnlich für einen Wachholder (juniperus lycia, phoenicia oder thurifera), die Beschreibung paßt aber in keiner Weise auf denselben: gewiß ist, daß der indische Weihrauch von der Weihrauchspille (Boswellia thurifera) kommt; sollte nicht eine Art derselben auch in Arabien wachsen?

Auf jene Weise wird er reiner, auf diese aber schwerer. Was an dem Baume hängen bleibt, wird mit einem Eisen abgekratzt und ist deshalb voll Rinde. 2. Der Wald ist in bestimmte Antheile geschieden und durch wechselseitige Redlichkeit sicher; auch bewacht Niemand die angeschnittenen Bäume und Keiner bestiehlt den Andern. Aber zu Alexandrien, wo der Weihrauch verfälscht wird, reicht doch fürwahr keine Aufmerksamkeit zur Ueberwachung der Werkstätten hin; man versiegelt den Arbeitern die Schürze, wirft ihnen eine Maske oder ein dichtes Netz über den Kopf*) und entläßt sie nackt. So herrscht bei uns**) trotz aller Strafe bei weitem weniger Ehrlichkeit, als bei jenen in den Wäldern. Das Erzeugniß des Sommers wird im Herbste gelesen; es ist am reinsten und weiß; die zweite Lese findet im Frühling statt und dafür werden während des Winters die Einschnitte in die Rinden gemacht; dieses Erzeugniß fällt roth aus und ist mit dem ersten nicht zu vergleichen. Jenes heißt Carphetum, dieses Dathiatum.***) Man glaubt auch, daß ein junger Baum weißeren, ein alter aber feiner riechenden Weihrauch liefere; Manche meinen, auf den Inseln †) werde der bessere erzeugt, Juba aber stellt in Abrede, daß überhaupt auf den Inseln solcher wachse. — 3. Was in runden Tropfen hängen bleibt, nennen wir männlichen Weihrauch, obgleich wir sonst nicht leicht von einem Männlichen sprechen, wo nicht auch ein Weibliches vorhanden ist; man hatte aber so viel Rücksicht für die

---

*) Damit sie keinen Weihrauch in die Schürze oder in den Mund stecken.

**) Alexandrien gehörte zum römischen Reiche.

***) Man hat sich mit der Erklärung dieser barbarischen Wörter vergebens abgemüht.

†) An der Küste von Arabien.

Religion, um von dem andern Geschlechte keinen Gebrauch zu machen. Manche glauben, er heiße männlich von seiner hodenähnlichen Gestalt. Besonders beliebt ist aber der zitzenförmige, wenn nämlich mit einer zuerst herabhängenden Thräne eine zunächst folgende sich vermischt. Ich finde, daß diese einzelnen Stücke, als die Gier sie einzusammeln noch nicht so groß war und sie sich langsamer bilden konnten, gewöhnlich die Hand füllten. In diesem Zustande heißt er bei den Griechen Tropfenweihrauch*) oder ganzer Weihrauch,**) der kleinere aber Ervenweihrauch;***) die durch das Schütteln abgesprungenen Krümmchen nennen wir Manna. †) 4. Auch jetzt noch finden sich Tropfen, welche den dritten Theil einer Mine, d. h. achtundzwanzig Denare [7 Loth] wiegen. Als Alexander der Große in seiner Kindheit den Weihrauch nicht spärlich auf die Altäre warf, sagte ihm sein Hofmeister Leonides: auf diese Weise solle er opfern, wenn er die weihrauchliefernden Völker besiegt hätte; als er nun wirklich Arabien erobert hatte, schickte er jenem ein mit Weihrauch befrachtetes Schiff, mit dem Bedeuten, er möge die Götter mit reichlicher Spende verehren. 5. Der eingesammelte Weihrauch wird auf Kameelen nach Sabota ††) gebracht und zwar durch ein einziges zu diesem Zwecke geöffnetes Thor; auf die Abweichung vom Wege steht nach den Gesetzen die Todesstrafe. Daselbst nehmen die Priester für einen Gott, den sie Sabis †††) nennen, den Zehnten nach dem Maße, nicht nach

---

*) Stagonia (σταγονία), Tropfen.

**) Atomum (ἀτμήτον), ungetheilt.

***) Orobia (ὀροβια) von ὄροβος (ervum), Erve; vgl. B. XVIII, Kap. 38.

†) Mannae, gleichbedeutend mit Bröckchen, Staub.

††) Vgl. B. VI, Kap. 32, §. 12.

†††) Theophrast (Hist. pl. IX, 4) nennt ihn Sonnengott; weiter

dem Gewichte und eher darf nichts in den Handel kommen. Davon werden die öffentlichen Ausgaben bestritten, denn der Gott unterhält freigebig die Gäste während einer bestimmten Anzahl von Tagreisen. Die Ausfuhr kann nur durch das Gebiet der Gebaniten *) stattfinden und deßhalb wird auch ihrem Könige eine Abgabe bezahlt. Ihre Hauptstadt Thomna ist von Gaza, **) einer Stadt an unserer Küste in Judäa, vier Millionen viermalhundert sechsunddreißig tausend Schritte [887 Meilen] entfernt, welche Strecke in fünfundsechzig Kameeltagreisen eingetheilt ist. 6. Auch die Priester und Schreiber der Könige erhalten ihren bestimmten Antheil; außer diesen nehmen aber auch die Wächter, die Begleiter, die Thürhüter und die Diener und wo auch der Weg durchführt, muß man bald hier für Wasser, bald dort für Fütter, oder für Herberge und verschiedene Zölle bezahlen, so daß die Kosten für jedes einzelne Kameel sechshundertundachtundachtzig Denare bis zu unserer Küste betragen und hier wird wieder an die Steuererheber unseres Reiches bezahlt. Deßhalb beträgt der Preis für ein Pfund des besten Weihrauchs sechs Denare, für die zweite Sorte fünf Denare und für die dritte drei Denare. Bei uns wird er durch die sehr ähnliche Krumme eines weißen Harzes ***) verfälscht, verräth sich aber auf die bereits †) angegebene Weise. Seine Aechtheit bewährt sich durch Weiße, Größe und Zerbrechlichkeit, so wie dadurch,

---

unten (Kap. 42, §. 4) heißt er Assabis; unter den alten arabischen Göttern wird ein Assaf erwähnt (C. Ritter's Erdkunde XII, 36).

*) Ueber die Gebaniten und ihre Hauptstadt, vgl. B. VI, Kap. 32, §. 11.

**) Vgl. B. V, Kap. 14, §. 2.

***) Durch Fichtenharz, sagt Dioscorides (mat. med. I, 81).

†) Oben Kap. 19, §. 2.

daß er sogleich auf der Kohle brennt; auch gibt er dem Zahne nicht nach, sondern zerbröckelt sich in Stückchen.

XXXIII (XV). Die Myrrhe soll in denselben Wäldern nach Einigen mit dem Weihrauchbaume vermischt, nach den Meisten aber besonders, wachsen; allerdings gedeiht sie an vielen Orten Arabiens wie sich bei der Aufzählung ihrer Arten*) zeigen wird. Sehr vorzügliche wird auch von den Inseln**) gebracht und die Sabäer holen sie sogar bei den Troglodyten jenseits des Meeres. Auch umgepflanzt kommt sie fort und wird so der wilden noch weit vorgezogen. Hacken und Aufgraben sind ihr eine Wohlthat, da ihre Wurzel dadurch besser erfrischt wird.

XXXIV. Der Baum***) erreicht eine Höhe von fünf Ellen und hat auch Dorne und einen harten und gewundenen Stamm, welcher dicker ist als der des Weihrauchbaumes und zwar mehr nach der Wurzel hin als an den übrigen Theilen. Die Rinde ist glatt und der des Erdbeerbaumes†) ähnlich, nach Andern rauh und dornig, das Blatt wie das des Oelbaums, aber krauser und stachelig, nach Juba wie das der Pferdesilge.††) Nach Manchen gleicht er dem Wachholderstrauche: nur ist er rauher, starrt von Dornen und hat ein runderes Blatt, aber den Geschmack des Wachholders. Auch hat es nicht an Solchen gefehlt, welche vorgaben, beide Erzeugnisse†††) kämen von dem Weihrauchbaume.

---

*) Im fünfunddreißigsten Kapitel.
**) Um Arabien; vgl. B. VI, Kap. 32.
***) Myrrhenbaum (Balsamodendron myrrha).
†) Vgl. B. XV, Kap. 28.
††) Vgl. B. XIX, Kap. 48.
†††) Der Weihrauch und die Myrrhe.

XXXV. 1. Auch in die Myrrhenbäume macht man zweimal und zu denselben Zeiten *) Einschnitte, aber von der Wurzel bis zu den Aesten, welche stark genug sind; sie schwitzen jedoch schon, ehe man die Einschnitte macht, von selbst die sogenannte Stakte [Tropfmyrrhe] aus, welcher keine andere vorgezogen wird; nach dieser kommt die vom angepflanzten Baume und am wilden ist ebenfalls **) die Sommermyrrhe die bessere. Von der Myrrhe spendet man dem Gotte keinen Antheil, weil sie auch anderwärts wächst, an den König der Gebaniter aber gibt man den vierten Theil ab. Die allenthalben vom Volke aufgekaufte übrigens stopft man in Schläuchen zusammen und unsere Salbenhändler sondern sie wieder ohne Schwierigkeit nach dem Ausweise des Geruches und der Fettigkeit.

(XVI). 2. Es gibt mehrere Arten; von den wilden ist die troglodytische ***) die vorzüglichste; nach ihr kommt die minäische, wozu auch die atramitische und die ausaritische †) im Reiche der Gebaniter gehört; die dritte ist die dianitische, ††) die vierte die zusammengestoppelte, die fünfte die sembraciniische, †††) von der dem Meere zunächst gelegenen Stadt des Reiches der Sabäer, der sechste der sogenannte

---

*) Wie bei den Weihrauchbäumen, Kap. 32, §. 1.

**) Wie der Sommerweihrauch.

***) Von den Lokalitäten, worüber nichts bemerkt wird, war schon bei den zunächst vorhergehenden Kapiteln die Rede.

†) Von der Stadt Ausara, welche an der uns noch fast gänzlich unbekannten Südostküste lag.

††) Wahrscheinlich von der nicht näher bekannten, von Strabo (XVI. 4) erwähnten Insel Dia an der Küste von Jemen.

†††) Wahrscheinlich von der Küstenstadt, welche B. VI, Kap. 32, §. 9 Sambracate heißt.

dusaritische.*) An einem einzigen Orte nur gibt es auch eine weiße, welche nach der Stadt Messalum**) gebracht wird. Die troglodytische läßt sich an der Fettigkeit und auch daran erkennen, daß sie trockener, schmutzig und roh aussieht, aber schärfer ist als die übrigen; die sembracenische hat die erwähnten Fehler nicht und ein schöneres Ansehen als die übrigen, aber nur wenig Kraft. 3. Im Allgemeinen bewährt sich ihre Aechtheit dadurch, daß bei der Verdickung des weißlichen und allmälig schmelzenden Saftes die Stückchen klein bleiben, jedoch nicht rund sind, daß sie im Bruche weiße klauenförmige Flecken und einen leicht bittern Geschmack hat; die von der zweiten Güte ist inwendig bunt; die geringste inwendig schwarz und noch schlechter, wenn sie es auch von außen ist. Die Preise sind nach der Nachfrage der Käufer verschieden; die Stakte kostet jedoch dreizehn bis vierzig, die angepflanzte höchstens eilf, die erythräische,***) worunter man arabische verstanden wissen will, bis zu sechzehn, der Kern der troglodytischen sechzehn, diejenige aber, welche man die Riechmyrrhe nennt, vierzehn Denare. 4. Sie wird verfälscht durch Mastixstückchen und Harz; ebenso durch Gurkensaft, weil dieser bitter, und durch Silberglätte, weil diese schwer macht. Die übrigen Mängel erkennt man an dem Geschmacke des Harzes, welches unter dem Zahne weich wird. Am leichtesten jedoch täuscht die Verfälschung durch indische Myrrhe, welche daselbst von einem gewissen Dornstrauch†) gesammelt wird.

---

*) Vielleicht von dem dusaritischen oder dosaritischen, von Ptolemäus (VI, 7) erwähnten Stamme; noch jetzt heißt ein Stamm Dossari (C. Ritter's Erdkunde XII, 968).

**) Wahrscheinlich dieselbe Stadt, welche B. VI, Kap. 32, §. 15 Massala heißt.

***) Vom rothen Meere.

†) Den man bis jetzt nicht näher kennt.

Sie ist das Einzige, was Indien schlechter liefert, und leicht zu erkennen, weil sie um so Vieles geringer ist.

XXXVI (XVII). Sie macht den Uebergang zum Mastix,*) welcher in Indien, so wie auch in Arabien von einem andern Dornstrauch gewonnen wird und Lama heißt. Aber auch der Mastix ist doppelter Art, denn in Asien und Griechenland findet man ein Kraut,**) welches aus der Wurzel Blätter und eine apfelähnliche, mit Samen angefüllte Distel treibt, aus welcher, wenn man in den oberen Theil einen Einschnitt macht, eine Thräne hervorquillt, welche kaum von dem ächten Mastix unterschieden werden kann. In Pontus wächst auch eine dritte,***) welche mehr dem Erdpeche gleicht; die gesuchteste ist die weiße chiische;†) ein Pfund davon kostet zwanzig Denare, von der schwarzen aber zwölf Denare; die chiische soll aus dem Mastixbaume nach Art des Gummi entstehen; es wird, wie der Weihrauch, mit Harz verfälscht.

XXXVII. 1. Arabien rühmt sich auch noch seines Ladanums††) und dieses entsteht, wie Mehrere berichten, durch Ungefähr und Zufall und zum Nachtheil der Riechwaare. Die Ziege, ein auch sonst dem Laube gefährliches, besonders aber nach wohlriechendem

*) Der ächte Mastix kommt vom Mastixbaum (pistacia lentiscus).

**) Die Gummidistel (carlina gummifera). Vgl. B. XXI, Kap. 56.

***) Welche sich nicht näher bestimmen läßt. Vgl. B. XIV, Kap. 25.

†) Von der Insel Chios; sie ist die ächte und beste Mastixart und wird jetzt noch am meisten gesucht.

††) Das Ladanum ist ein Erzeugniß der Cistrose (cistus), besonders der cretischen (cistus creticus).

Gesträuche lüsternes Thier, soll, als begriffe es den Werth, die von äußerst süßer Flüssigkeit strotzenden Sprossen der Zweige und den aus ihnen tröpfelnden und sich durch Zufall beimischenden Saft mit dem häßlichen Barthaare abstreifen und dieser sich durch den Staub zu Kügelchen gestalten und durch die Sonne verdicken, weßhalb man auch in dem Ladanum Ziegenhaare finde; dieß soll jedoch nirgends der Fall seyn, als bei den Nabatäern,*) dem Grenzvolke Arabiens nach Syrien hin. — 2. Neuere Schriftsteller nennen dieses Erzeugniß Strobos [Zapfen] und erzählen, daß die Dickichte der Araber durch das Waiden der Ziegen zerknickt würden und so der Saft an ihren Haaren festhänge, daß aber das Ladanum der Insel Cypros angehöre (um oberflächlich von allen Arten von Riechwaaren, wenn auch nicht nach der Reihe der Länder, zu sprechen); auch hier soll es nach ihnen auf ähnliche Weise entstehen und ein an den Bärten und haarigen Knieen der Böcke sich festhängender Klunker seyn, aber von der Blüthe des Epheus, während sie diese bei der Morgenwaide, wenn auf Cypros der Thau fällt, abnagen; wenn später die Sonne den Nebel zerstreue, hänge sich Staub in die nassen Haare und man kämme dann so das Ladanum ab. — 3. Einige nennen das Kraut **) auf Cypros, aus welchem es entsteht, Leda (weßhalb sie auch Ledanum sagen) und bemerken, das Fett desselben bleibe an darüber gezogenen Schnüren hängen; ***) dieses wickle man in das Kraut selbst ein und bilde daraus Klümpchen. Es gibt also bei beiden Völkern †) zweierlei Arten,

---

*) Vgl. B. V, Kap. 12, §. 1.

**) Die Cistrose ist kein Kraut, sondern ein Strauch.

***) Noch jetzt wird auf Kreta das Ladanum mit einem rechenartigen Instrumente, woran aber statt der Zähne lederne Riemen sind, abgeschabt.

†) Den Arabern und den Cretensern.

eine erdige *) und eine künstliche; die erdige ist zerreibbar, die künstliche zäh. — 4. Auch soll sich ein solcher Strauch in Carmanien **) befinden und von den Ptolemäern durch Setzlinge über Aegypten hinaus verpflanzt worden seyn, oder es ist gar, wie Andere glauben, ebenfalls ein Erzeugniß des Weihrauchbaumes und wird, wie das Gummi, durch Einschnitte in die Rinde gewonnen und in Ziegenhäuten aufgefangen. Der Preis eines Pfundes von dem gesuchtesten beträgt vierzig Aß [1 1/3 Gulden]. Verfälscht wird es durch Myrthenbeeren und andere Thierklunkern; der Geruch des ächten muß wildartig seyn und gleichsam nach der Einöde duften, es selbst muß trocken aussehen, bei der Berührung sogleich weich werden, angezündet aufflackern und durch angenehmen Geruch erfreuen. Das durch Myrthe verfälschte verräth sich und knistert im Feuer; auch hängen in dem ächten eher Steinchen von Felsen, als Staub.

XXXVIII. In Arabien ist auch der Oelbaum mit einer Thräne begabt, woraus Heilmittel bereitet wird, welches bei den Griechen Enhämon [Blutpflaster] heißt und beim Zusammenziehen der Wundnarben von besonderer Wirkung ist. ***) In den Küstengegenden werden sie von den Wogen und der Fluth bedeckt; doch leidet dadurch die Beere keinen Schaden, da es feststeht, daß auch auf den Blättern Salz zurückbleibt. — Dieß sind die Arabien eigenthümlichen Erzeugnisse, außerdem hat es noch einige wenige ganz gewöhnliche, von denen aber anderwärts gesprochen wird, da es darin nachsteht. Wunderbarer Weise verlangt es selbst nach fremden Riechwaaren und holt sie

---

*) Welche sich durch den Staub in den Haaren der Ziegen bildet.

**) Vgl. B. VI, Kap. 27.

***) Wird jetzt noch zu demselben Zwecke gebraucht und ist unter dem Namen Elemi bekannt.

bei den Ausländern; so groß ist der Ueberdruß der Sterblichen gegen das eigene Besitzthum und die Begierde nach fremdem.

XXXIX. Sie holen demnach bei den Elymäern*) den Baum Bratus,**) welcher einer ausgebreiteten Cypresse gleicht, weißliche Aeste hat, angezündet einen lieblichen Geruch verbreitet und in den Geschichtsbüchern des Claudius Cäsar als ein Wunder gepriesen wird. Er sagt, daß die Parther die Blätter desselben in die Getränke streuen, daß sein Geruch dem der Ceder am nächsten komme und daß sein Rauch als Mittel gegen andern Holzdunst diene. Er wächst jenseits des Pasitigris an den Grenzen der Stadt Sittaca auf dem Berge Zagrus.

XL. 1. Sie holen auch bei den Carmanern***) den Baum Strobus†) zum Räuchern und benetzen ihn mit Palmwein bevor sie ihn anzünden. Sein Geruch senkt sich angenehm von der Decke auf den Boden, beschwert aber den Kopf, ohne jedoch Schmerz zu verursachen. Man sucht damit die Kranken in den Schlaf zu bringen. Sie eröffneten für diese Handelsgegenstände die Stadt Carrhä,††) wo sie ihre Märkte halten; von da pflegten sie in zwanzig Tagreisen nach Gabba†††) und Palästina Syria*†) zu gehen; daß sie später aus dem-

*) Ueber diese, so wie über die in diesem Kapitel vorkommenden Oertlichkeiten, vgl. B VI, Kap. 31.

**) Man hält ihn für den Sevenbaum (juniperus sabina), jedoch ohne genügende Anhaltspunkte; vgl. B. XXIV, Kap. 61.

***) Vgl. B. VI, Kap. 27.

†) Eine Bestimmung desselben ist bei dem Mangel näherer Angaben nicht möglich.

††) Vgl. B. V, Kap. 21, §. 1.

†††) Oder Gabe, vgl. B. V, Kap. 16.

*†) Syrien hieß da, wo es an Arabien gränzt Palästina; vgl. B. V, Kap. 13, §. 1.

selben Grunde auch nach Charax*) und dem Reiche der Parther zogen, erzählt Juba; mir scheinen sie ihre Waaren noch früher zu den Persern, als nach Syrien und Aegypten, gebracht zu haben und dafür spricht auch das Zeugniß des Herodotus, welcher bemerkt, daß die Araber jährlich den Königen der Perser tausend Talente Weihrauch lieferten.**) — 2. Aus Syrien bringen sie Storax***) zurück, um auf den Herden durch den scharfen Geruch desselben dem Ekel an ihren eigenen Wohlgerüchen zu steuern, denn sonst sind bei ihnen keine andere Holzarten im Gebrauch als wohlriechende; die Sabäer kochen ihre Speisen mit Weihrauchholz, andere mit Myrrhenholz und in den Städten und Dörfern steigt kein anderer Rauch und Dampf auf, als bei uns von den Altären. Um diesen also zu vertreiben, brennen sie Storax in Bocksfellen und räuchern damit ihre Wohnungen. So gibt es kein Vergnügen, welches nicht durch ununterbrochenen Genuß Ekel erregt! Sie brennen ihn auch, um die Schlangen zu verscheuchen, welche in den riechwaaretragenden Wäldern sehr häufig sind.

XLI (XVIII). 1. Cinnamomum und Casia †) besitzen sie nicht und doch heißt Arabien das glückliche, mit Unrecht und ohne für den Bei-

---

*) Vgl. B. VI, Kap. 31, §. 12.

**) Nicht als Abgabe, sondern als Geschenk. Herodot III, 97. Das Talent betrug zu der Zeit Herodots etwa 60 Pfund.

***) Vgl. weiter unten Kap. 56.

†) Die Uebersetzungen behält diese Benennungen bei, da man immer noch nicht einig ist, ob man den Zimmet darunter zu verstehen hat. Gewöhnlich hält man das Cinnamomum für den gemeinen Zimmet (cinnamomum verum) und die Casia für den röthlichen Zimmet (cinnamomum cassia). Diese Meinung hat immer noch das Meiste für sich und die Behauptungen, daß die Muskatnuß oder eine Elemispille (amyris) gemeint sey, befriedigen weit weniger.

namen dankbar zu seyn, da es denselben von den Göttern des Himmels erhalten zu haben glaubt und doch meist den Göttern der Unterwelt zu verdanken hat. Glückselig ist es geworden durch die bis auf den Tod sich erstreckende Ueppigkeit der Menschen, indem diese, was, wie sie wohl wußte, nur für die Götter geschaffen ist, zum Verbrennen der Leichen gebrauchte. Sachkundige versichern, daß der ganze jährliche Ertrag nicht so viel ausmache, als der Fürst Nero am Bestattungstage seiner Poppäa *) verbrannte. Dann bedenke man, wie viele Begräbnisse jedes Jahr auf der ganzen Erde stattfinden und wie man zur Ehre der Leichen haufenweise aufstapelt, was man den Göttern nur in einzelnen Krümmchen spendet. Auch waren diese, als man ihnen noch gesalzenes Mehl **) opferte, nicht weniger gnädig, ja sogar (wie am Tage liegt) noch gewogener. 2. Aber auch das Meer Arabiens ist glücklicher, denn aus diesem schickt es uns die Perlen, und nach der geringsten Berechnung ziehen Indien und die Serer und jene Halbinsel aus unserem Reiche jährlich hundert Millionen Sesterzien [8,302,000 Gulden]. So viel kosten uns Ergötzlichkeiten und Weiber! Und wie viel bekommen, frage ich, von allem dem die Götter des Himmels, so wie die der Unterwelt?

XLII (XIX). 1. Von dem Cinnamomum und der Casia erzählt das Alterthum und vor Allen Herodotus ***) das Mährchen, daß sie in der Gegend, wo Vater Liber erzogen worden sey, †) aus den an unzu-

---

*) Poppäa Sabina, Nero's zweite Gemahlin, starb im J. 66 nach Chr. an den Folgen eines Trittes, welchen sie von ihrem erzürnten Eheherrn wider den Bauch erhielt.

**) Die alten Römer bestreuten die Opferthiere mit gesalzenem Mehl, später begoß man sie mit Wein und Weihrauch.

***) B. III, Kap. 111.

†) Also in Indien.

gänglichen Felsen und Bäumen hängenden Nestern der Vögel und besonders des Phönix durch die Last des Fleisches, welches diese selbst hineintragen, oder mit bleiernen Pfeilen herabgeworfen würden, und ebenso die Casia an Sümpfen, wo sie eine scheußliche Art von Fledermäusen mit ihren Krallen, so wie auch geflügelte Schlangen vertheidigten, durch welche Erdichtungen man die Preise dieser Dinge steigerte. Dazu gesellt sich noch die Fabel, daß durch das Zurückprallen der Sonnenstrahlen eine unbeschreibliche Ausdünstung des Gesammtwachsthums auf der ganzen Halbinsel entstehe und daß bei dem Zusammenwehen so vieler Arten von Düften sich Arabien den Flotten Alexanders des Großen schon auf dem hohen Meere zuerst durch den Geruch zu erkennen gegeben habe. 2. Lauter Lügen, denn das Cinnamomum oder, was dasselbe ist, das Cinnamum wächst bei den Aethiopen, welche mit den Troglodyten durch Verheirathungen in Verbindung stehen; die letzteren kaufen es von ihren Nachbarn*) und führen es über weite Meere auf Flößen, welche weder durch ein Steuer gelenkt, noch durch Ruder gezogen oder getrieben, noch durch Segel oder auf irgend eine andere Weise fortbewegt werden, da der Mensch und seine Kühnheit dieß alles ersetzen. Ueberdieß gehen sie des Winters über das Meer zur Zeit des kürzesten Tages, weil alsdann meist Südostwinde wehen. 3. Diese treiben sie in gradem Laufe durch die Meerbusen**) und sobald sie um das Vorgebirg***) gekommen sind, laufen sie mit dem Nordwest in den Hafen der Gebaniter, welcher

---

*) Den Aethiopen; über beide Völker, vgl. B. VI, Kap. 34.

**) So daß sie nicht von der Küste abgetrieben werden.

***) Welches der Küste der Troglodyten gegenüberliegt; vgl. B. VI, Kap. 32, §. 11.

Ocila*) heißt. Deßhalb schlagen sie auch meist diese Richtung ein und die Kaufleute sollen kaum im fünften Jahre zurückkommen und viele von ihnen zu Grunde gehen. Als Rückfracht nehmen sie gläsernes und kupfernes Geschirr, Kleider und Schnallen, nebst Armringen und Halsbändern. Mithin beruht dieser Handel meist auf der Laune der Weiber. — 4. Die Staude selbst ist höchstens zwei Ellen und mindestens eine Hand hoch, vier Finger dick, treibt schon sechs Finger vom Boden Zweige und sieht aus wie dürr; wenn sie blüht, riecht sie nicht; ihr Blatt gleicht dem des Wohlgemuthes,**) Trockenheit thut ihr wohl, bei Regenwetter ist sie weniger fruchtbar, auch muß sie geschnitten werden. Sie wächst zwar auf Ebenen, aber zwischen den dichtesten Dornsträuchen und Brombeerstauden und ist schwer einzusammeln. Man erndtet nur, wenn der Gott (welchen einige für den Jupiter halten und jene***) Assabis†) nennen) es gestattet und die Erlaubniß zum Schneiden wird durch die Eingeweide von vierundvierzig Ochsen, Ziegen und Widdern erlangt; doch darf es weder vor Aufgang, noch vor Untergang der Sonne geschehen. Der Priester theilt die Reiser mit einem Speere und legt dem Gotte seinen Theil zurück, das Uebrige packt der Kaufmann in Bündel. Ein anderes Gerücht geht, daß man auch mit der Sonne theile, drei Theile mache, und sie dann durch wiederholtes Loosen scheide, und daß, was der Sonne zufalle, liegen bleibe und von selbst verbrenne. — 5. Von erster Güte sind die dünnsten Theile der Ruthen bis zur Länge einer Hand, von zweiter die nächsten, aber in kürzerem Maßstabe, und so im

---

*) Oder Ocelis, vgl. B. VI, Kap. 26, §. 9.
**) Vgl. XX, Kap. 67.
***) Die Eingeborenen nämlich.
†) Vgl. oben Kap. 32, §. 5.

Verhältniß weiter. Was zunächst an der Wurzel kommt, ist das Schlechteste, weil sich hier die wenigste Rinde befindet, worin doch die Hauptannehmlichkeit liegt; deßhalb werden die Spitzen vorgezogen, wo die meiste Rinde ist. Das Holz selbst aber wird nicht geschätzt, weil es so bitter ist wie Wohlgemuth; man nennt es Xylocinnamomum [Holzzimmet]; der Preis des Pfundes beträgt zwanzig Denare. Manche erwähnen zwei Arten von Cinnamomum, weißeres nämlich und schwärzeres; sonst wurde das weiße vorgezogen, jetzt hat man das schwärzere lieber und zieht sogar noch das bunte dem weißen vor; am sichersten zeigt sich sein Werth dadurch, daß es nicht rauh ist und sich, wenn man es an einander reibt, nur langsam bröckelt; das allerschlechteste ist das weiche und das, woran die Rinde sich ablöst. — 6. Nur allein der König der Gebaniter hat ein Recht darauf, und verkauft es auf einem angesagten Markte. Früher betrug der Preis des Pfundes tausend Denare, jetzt ist dieser um die Hälfte gestiegen, weil, wie man erzählt, die Wilden im Ingrimme die Wälder angesteckt haben. Ob dieß wegen der Ungerechtigkeit der Uebermächtigen oder durch Zufall geschah, steht noch nicht genügend fest; wir finden übrigens bei Schriftstellern, daß dort die Südwinde so glühend wehen, daß sie die Wälder anzünden. Kränze von Cinnamum mit getriebenem Golde eingefaßt weihte zuerst von allen der Kaiser Vespasianus Augustus in den Tempeln des Capitoliums und des Friedens; eine Cinnamumwurzel von bedeutendem Gewicht sahen wir in dem Tempel, welcher auf dem Palatium,*) dem göttlichen Augustus von seiner Gemahlin, der Kaiserin,**) erbaut worden war, auf einer goldenen

*) Einer der sieben Hügel Roms; Monte Palatino.

**) Livia Drusilla; Tiberius soll ebenfalls an dem Baue Theil gehabt haben.

Schüssel liegen; jedes Jahr flossen aus ihr Tropfen und verhärteten sich zu Körnern, bis der Tempel durch eine Feuersbrunst zerstört wurde.

XLIII. 1. Auch die Casia ist ein Strauch und wächst neben den Cinnamomumfeldern, aber auf Bergen, hat ein dickeres Reis und eine dünne Rinde, die man eher eine Haut nennen könnte und die im Gegensatze zu dem Cinnamomum grade darin ihren Werth hat, daß sie sich ablöst und hohl wird. Der Strauch hat eine Höhe von drei Ellen und dreierlei Farben; da wo er hervorsproßt, ist er einen Fuß lang weiß, dann einen halben Fuß lang weiter röthlich und weiterhin schwärzlich. Dieser Theil wird am meisten geschätzt, dann der zunächst folgende, aus dem weißen aber macht man sich nichts. Die Reiser zerschneidet man in zwei Finger lange Stückchen, näht sie dann in die frischen Häute zu diesem Zwecke geschlachteter Vierfüßler, damit, während diese faulen, die Würmchen das Holz herausnagen und die durch ihre Bitterkeit geschützte Rinde aushöhlen. 2. Am meisten schätzt man die frische, welche einen sehr milden Geruch hat, beim Kosten eher möglichst stark brennt, als mit gelinder Wärme schwach beißt, eine purpurrothe Farbe zeigt, bei dem größten Umfange am wenigsten in's Gewicht fällt und deren Hülse eine kurze, nicht leicht brechende Röhre bildet. Man bezeichnet diese Art mit dem fremden Namen Lacta; eine andere ist die Balsamcasia, wegen ihres balsamischen Geruchs so genannt, aber bitter und deßhalb für Aerzte brauchbarer, so wie die schwarze mehr zu Salben taugt. Bei nichts ist der Preis verschiedener; von der besten kostet das Pfund fünfzig Denare, von den übrigen fünf Denare.

(XX). 3. Diesen haben die Händler noch die sogenannte Daphnoide [Lorbeercasia] mit dem Beinamen Isocinnamon [Zimmetgleich] hinzugefügt und dafür einen Preis von dreihundert Denaren angesetzt.

Man verfälscht sie mit Storax und wegen der Aehnlichkeit der Rinden mit den dünnsten Reisern des Lorbeers. Sie wird sogar in unserem Erdtheile gepflanzt und wächst an der äußersten Grenze des Reiches, wo der Rhein dieses bespült, wenn man sie in Bienenstöcken zieht; es fehlt ihr aber die von der Sonne herrührende Brandfarbe und deßhalb auch der damit verbundene wahre Geruch.

XLIV. Aus der Nachbarschaft der Casia und des Cinnamum werden auch das Cancamum*) und das Tarum**) eingeführt, aber durch das Gebiet der nabatäischen Troglodyten, welche sich hier aus dem Nabatäerlande***) angesiedelt haben.

XLV (XXI). Dahin werden auch das Serichatum und das Gabalium†) gebracht, welche die Araber unter sich selbst verbrauchen und die in unserm Erdtheile nur dem Namen nach bekannt sind, aber mit dem Cinnamum und der Casia wachsen. Zuweilen gelangt jedoch Serichatum zu uns und wird von Manchen den Salben beigefügt. Das Pfund kostet sechs Denare.

XLVI. 1. Das Myrobalanum [die Salbeneichel] ist bei den Troglodyten, in Thebais††) und in dem Theile Arabiens, welcher Judäa von Aegypten trennt, gewöhnlich und ein Salbengewächs,†††)

---

*) Das Harz einer Elemisspille (wahrscheinlich der Amyris Kataf und Amyris Kafal).

**) Das Harz der Stengellorsche (excaecaria agallocha).

***) Vgl. B. V, Kap. 12.

†) Unbekannte Produkte. Die Angaben, daß das Serichatum das Harz der Benzoe-Catappe (Terminalia benzoin) oder Santelholz, das Gabalium aber Kampfer sey, beruhen auf keinem haltbaren Grunde.

††) Vgl. B. V, Kap. 9, §. 3.

†††) Wahrscheinlich die Oelkäse (moringa arabica, glans unguentaria); das Oel ist unter dem Namen Behenöl bekannt.

wie schon aus dem Namen hervorgeht, welcher auch andeutet, daß es die Eichel eines Baumes ist, dessen Blatt dem der Sonnenwende,*) von welcher wir bei den Kräutern sprechen werden, gleicht. Die Früchte haben die Größe einer Haselnuß. Von ihnen heißt die in Arabien wachsende die syrische und ist weiß, die von Thebais dagegen ist schwarz; jene zieht man wegen der Güte des Oels, welches aus ihr gepreßt wird, die thebaische wegen der Fülle desselben vor; die schlechteste unter ihnen ist die troglodytische. 2. Manche ziehen diesen die äthiopische vor, welche schwarz und nicht fett ist und einen dünnen Kern hat, aber unter der Presse ein feiner riechendes Oel gibt und auf Ebenen wächst. Die ägyptische soll fetter seyn uud eine dickere, rothe Rinde haben und obschon sie in sumpfigen Gegenden wächst, kürzer und trockner, die arabische dagegen grün und zärter und obgleich sie ein Berggewächs ist, dichter, die bei weitem beste aber diejenige seyn, welche aus Petra, einer schon von uns genannten Stadt, kommt und eine schwarze Rinde und einen weißen Kern hat. Die Salbenhändler pressen aber nur die Rinden aus und die Aerzte die Kerne, indem sie dieselben mit allmälig hinzugegossenem warmem Wasser stoßen.

XLVII (XXII). Ebenso wie das Myrobalanum und ihm zunächst wird zu Salben in Aegypten die Frucht der Palme**) gebraucht, welche Adipsos [Durststillende] heißt und grün ist, den Geruch eines Quittenapfels und im Innern keinen Kern hat. Sie wird kurz vorher, ehe sie zu reifen anfängt, eingesammelt; läßt man sie hängen, so heißt sie Phönicobalanus [Palmeichel], wird schwarz und berauscht die, welche davon essen. Der Preis eines Pfundes Myrobalanum

*) **Heliotropium**; vgl. B. XXII, Kap. 29.
) Wahrscheinlich die Astpalme (Hyphaena**), von den Arabern Doum genannt.

beträgt zwei Denare. Die Händler bezeichnen mit diesem Namen auch die Salbenhefe.

XLVIII. 1. Auch das in Arabien wachsende wohlriechende Rohr *) ist in Indien und in Syrien gewöhnlich und hier, hundertundfünfzig Stadien [3¾ Meilen] von unserm [mittelländischen] Meere, übertrifft es sogar alle andere Arten. Zwischen dem Libanus und einem andern wenig bekannten Berge, aber nicht, wie Manche geglaubt haben, dem Antilibanus, **) in einem mäßig großen Thale, dreihundert Stadien [7½ Meilen] um einen See, dessen Sumpftheile im Sommer austrocknen, gedeihen wohlriechendes Rohr und wohlriechende Binse. ***) Wir wollen nämlich allerdings, obgleich ein anderes Buch den Kräutern gewidmet ist, von der Binse sprechen, da hier gerade die Salben den Gegenstand der Betrachtung bilden. 2. Diese Pflanzen sind mithin dem Aussehen nach in nichts von den übrigen ihrer Art verschieden, das Rohr aber hat einen vorzüglicheren, schon von ferne sogleich einladenden Geruch, fühlt sich weicher an und ist um so besser, je weniger es bricht und wenn es eher in Spänchen als wie Rettig zerbricht. In der Röhre befindet sich eine Art Spinnengewebe, welches man die Blume nennt, und je größer die Fülle desselben, desto vorzüglicher ist das Rohr. Sonst findet man seinen Werth darin, daß es schwarz ist; anderwärts schätzt man solches nicht. Es gilt als um so besser, je kürzer und dicker es ist und wenn es beim Brechen sich biegt. Von dem Rohre kostet das Pfund eilf Denare,

---

*) Soll die gewürzhafte Bitterwurz (gentiana chirayta) seyn.

**) Ueber den Libanus und Antilibanus, vgl. B. V, Kap. 17, §. 3.

***) Das binsenartige Bartgras (antropogon schoenanthus), Kameelheu.

von der Binse fünfzehn Denare. Die wohlriechende Binse soll sich auch in Campanien finden.

XLIX. 1. Wir sind nun von den nach dem Ocean hin liegenden Ländern zu denjenigen fortgerückt, welche sich nach unsern Meeren *) hin neigen.

(XXIII). Der Theil von Afrika also, welcher sich unter Aethiopien hinzieht, **) tröpfelt die Hammoniacthräne in seinen Sandwüsten (woher auch***) das Orakel des Hammon, in dessen Nähe der Baum †) wächst, seinen Namen hat); sie heißt auch Metopion und ist eine Art Harz oder Gummi. Es gibt davon zwei Arten, das Thrauston [gebröckelte], welches dem männlichen Weihrauche ††) gleicht und am meisten geschätzt wird, die andere, welche Phyrama [Mengsel] heißt, ist fett und harzig. Man verfälscht sie mit Sandkörnern, als seyen dieselben bei der Entstehung dazu gekommen; man erkennt deßhalb die Aechtheit an den möglichst kleinen und möglichst reinen Klümpchen. Der Preis eines Pfundes von der besten beträgt vierzig Aß [1 1/3 Gulden].

L. Sphagnos [Waldhaar], von Andern Bryon [Moos] genannt, gedeiht am besten unterhalb dieser Gegenden in der cyrenäi-

*) Nach den verschiedenen Theilen des mittelländischen Meeres; zunächst ist von den nördlichen Küstenländern Afrika's die Rede.

**) Und jetzt Barka heißt.

***) Nämlich vom Sande (ἄμμος). Vgl. B. V, Kap. 5, §. 1.

†) Oder vielmehr das Kraut, welches Dioscorides (III. 98) Agasyllis nennt und das man für ein Steckenkraut (ferula ammonifera) hält. Das Ammoniac wird jetzt noch vielfach gebraucht.

††) Vgl. weiter oben Kap. 32, §. 3.

schen Provinz;*) den zweiten Rang behauptet das cyprische, den dritten das phönizische; es soll auch in Aegypten wachsen, ja sogar in Gallien, was ich nicht bezweifeln möchte, denn man versteht unter dieser Benennung die grauen Zoten der Bäume,**) wie man sie meist an der Eiche sieht, nur daß sie einen vorzüglicheren Geruch haben. Den größten Werth haben die weißesten und höchsten,***) den nächsten die röthlichen,†) keinen die schwarzen;††) auch die auf den Inseln und Felsen wachsenden†††) achtet man nicht, ebenso alle andern, welche einen Geruch wie Palmen und nicht ihren eigenthümlichen haben.

LI (XXIV). Der Cypros ist ein Baum*†) in Aegypten, welcher Blätter hat, wie der Brustbeerbaum,**†) und weißen, wohlriechenden Samen, wie der Coriander; man kocht diesen in Oel und was dann herausgepreßt wird, heißt Cypros.***†) Der Preis eines Pfundes beträgt fünf Denare. Als die vorzüglichste Sorte gilt das von dem canopischen†*) Cyprosbaum an den Ufern des Nils, als die nächstbeste das von Ascalon†**) in Judäa und als die dritte das von der

*) Vgl. B. V, Kap. 5.
**) Die Bartraspen und Fadenraspen.
***) Die blaßgrüne Bartraspe (usnea florida).
†) Die gemeine Bartraspe (usnea barbata).
††) Die Mähnenraspe (alectoria jubata).
†††) Die Färbeflupren (roccella scopullorum).
*†) Oder vielmehr ein Strauch: die Färbgöre (Lansonia).
**†) Zizyphus, vgl. B. XV, Kap. 14.
***†) Cyprosöl oder Cyprosalbe.
†*) An der canopischen Nilmündung (vgl. B. V, Kap. 11, §. 5) wachsenden.
†**) Vgl. B. V, Kap. 14, §. 2.

Insel Cypros wegen der Süßigkeit seines Geruchs. Manche behaupten, dieser Baum sey derselbe, welcher in Italien Ligustrum*) heiße.

LII. In derselben Gegend wächst der Aspalathos,**) welcher weiße Dorne, die Höhe eines mäßig großen Baumes und eine rosenförmige Blüthe hat; die Wurzel wird zu Salben gesucht. Man sagt, daß jeder Strauch, über welchem sich ein Regenbogen krümme, dieselbe Süßigkeit bekomme, welche der Aspalathos habe, dieser aber, wenn es bei ihm der Fall sey, eine unbeschreibliche. Manche nennen ihn Erysisceptrum [Scepterhalter], andere Scepter. Der ächte muß eine röthliche, feuerartige Farbe haben, sich derb anfühlen und riechen wie Bibergeil. Man kauft das Pfund für fünf Denare.

LIII. In Aegypten wächst auch das Maron,***) welches schlechter ist als das lydische; dieses hat größere und bunte, jenes kurze, kleine und wohlriechende Blätter.

LIV (XXV). 1. Allen Riechwaaren zieht man jedoch den Balsam vor, welcher von allen Ländern allein Judäa verliehen ist†) und sich einst††) nur in zwei Gärten fand, welche beide dem Könige gehörten

---

*) Ligustrum vulgare, Rainweide, vom Cypros gänzlich verschieden.

**) Nach Einigen eine Brahme (spartium scoparium), nach Andern eine Besenwinde (convolvulus scoparius). Aus der Wurzel der letzteren zieht man jetzt noch ein ätherisches Oel, welches bisweilen in Salben kommt und zur Verfälschung des Rosenöls dient.

***) Das Katzenkraut (teucrium marum); es riecht kampferartig und ist ein starkes Reizmittel.

†) Unrichtig; in Judäa war der Balsam nur angepflanzt, einheimisch ist er in Arabien und Habesch.

††) Als noch das jüdische Reich bestand.

und von denen der eine nicht über zwanzig Jucharte, der andere noch weniger groß war. Dieses Bäumchen*) zeigten der Stadt zuerst die Kaiser Vespasianus**) und als Merkwürdigkeit muß mitgetheilt werden, daß wir von dem großen Pompejus an auch Bäume im Triumphe aufführten.***) 2. Auch dieses ist jetzt dienstbar und bezahlt mit dem Volke, welchem es angehört, Abgaben, ist aber im Ganzen anders beschaffen, als unsere und auswärtige Schriftsteller angegeben haben, denn es ist der Weinrebe ähnlicher als der Myrthe.†) 2. Es soll durch Schnittlinge fortgepflanzt und seit Kurzem aufgebunden werden, wie die Weinrebe, auch bedeckt es die Hügel, wie die Weinstöcke, welche ohne Stützen sich selbst tragen. Es wird ebenfalls beschnitten, wenn es Zweige treibt, gedeiht durch Behackung, wächst schnell und trägt im dritten Jahre. Seine Blätter gleichen am meisten denen der Raute und es behält stets Laub. Die Juden wütheten gegen dasselbe, so wie auch gegen ihr eigenes Leben, die Römer aber vertheidigten es und man kämpfte um einen Strauch. Jetzt pflanzt diesen die Staatskasse und nie war er zahlreicher und höher; seine Höhe übersteigt indessen nie zwei Ellen. — 3. Es gibt drei Arten dieses Baumes,††) eine mit dünnem, haarartigem Laube, welche Eutheriston [die leicht zu schneidende] heißt, eine zweite rauh aussehende, krumme und strauchartige, aber besser riechende, man nennt sie Trachy [die rauhe], eine dritte heißt Eumekes [die schlanke], weil sie höher ist als

---

*) Balsambaum (balsamea gileadensis).

**) Vespasianus und sein Sohn Titus Vespasianus.

***) Vgl. weiter oben Kap. 9.

†) Es gleicht ebensowenig die Weinrebe als der Myrthe.

††) Man kennt jetzt diese Arten nicht; wahrscheinlich ist derselbe Baum in verschiedenem Alter und Zustande gemeint.

die andere, und hat eine glatte Rinde. In der Güte gebührt dieser der erste Rang, dem Eutheriston der letzte. Der Same kommt im Geschmacke dem Weine am nächsten, hat eine röthliche Farbe und ist nicht ohne Fettigkeit; er hat ein schlechteres Korn, wenn er leichter und grüner ist. Der Ast ist dicker als bei der Myrthe und wird mit Glas, Stein oder knöchernen Messerchen eingeschnitten. Er duldet nicht, daß man ihm mit einem Eisen das Leben verletzt, und stirbt sogleich ab, doch läßt er sich das Ueberflüssige damit abschneiden. Wer die Einschnitte macht, muß mit der Hand das richtige Maß abzuwägen wissen, damit er nichts weiter als die Rinde trifft. — 4. Aus der Wunde fließt der Saft, welcher Opobalsam [Tropfbalsam] heißt und von ausnehmender Süßigkeit ist: die Tropfen fallen aber nur in dünnen Thränen und werden mit Wolle in kleine Hörner eingesammelt. Daraus wird er in ein neues Thongefäß gegossen, sieht aus wie dickeres Oel und ist als Most weiß, dann wird er roth und verhärtet, so wie er die Durchsichtigkeit verliert. Als Alexander dort*) Krieg führte, konnte man in einem ganzen Sommertage nicht mehr als eine einzige Muschel füllen; da aber der ganze Ertrag des größeren Gartens sich auf sechs, und der des kleineren sich auf einen einzigen Congius**) belief, so wurde er mit Silber doppelt aufgewogen. Jetzt ist sogar die Ader einzelner Bäume ergiebiger; man öffnet sie dreimal in jedem Sommer und schneidet sie dann ab. — 5. Auch die Reiser dienen als Waare und Schnitt und Setzling wurden in den ersten fünf Jahren nach der Besitznahme***) für siebenhundert Sesterzien [58,114

*) In Judäa nämlich.

**) Der Congius hält 3³/₅ Pinten, die Pinte zu 48 Kubikzoll.

***) Des Balsambaumes und Judäas, also in den Jahren 70 bis 74 nach Chr.

Gulden] verkauft. Sie heißt Xylobalsamum [Holzbalsam] und wird zu Salben gekocht; man gebraucht diesen in den Werkstätten statt des Saftes selbst;*) auch die Rinde hat für Arzneien Werth. Am meisten wird jedoch die Thräne geschätzt, nach dieser der Same, dann die Rinde, am wenigsten das Holz. Von diesem ist das buchsartige, welches am angenehmsten riecht, das beste, von dem Samen aber der größte und gewichtigste, welcher beim Kosten beißt und im Munde brennt. Man verfälscht ihn mit peträischem Hypericum,**) welches sich aber durch Größe, Leere, Länge, schalen Geruch und Pfeffergeschmack verräth. — 6. Die Aechtheit der Thräne erkennt man daran, daß sie fett, zart und mäßig roth ist und beim Zerreiben angenehm riecht; die nächstbeste ist die weiße, die schlechtere die grüne und fette, die schlechteste die schwarze, weil sie wie Oel ein schlimmes Alter nimmt. Von allem Einschnittbalsam wird der am meisten geschätzt, welcher vor der Reife des Samens ausgeflossen ist; übrigens wird er auch durch den Saft dieses Samens verfälscht und kaum verräth sich der Betrug durch den bitteren Geschmack, denn dieser muß mild und nicht säuerlich und nur der Geruch streng seyn. Man verfälscht ihn auch mit dem Oele von Rosen, Cypros,***) Mastix, Balanus,†) Terpentin und Myrthe, mit Harz, Galbanum††) und Cyproswachs,†††), wie sich grade die Gelegenheit bietet, am betrüglichsten

---

*) Welcher durch Einschnitte gewonnen wird.

**) Johanniskraut (vgl. B. XXVI, Kap. 53 und 54) von Petra in Arabien (vgl. B. VI, Kap 32, §. 3).

***) Vgl. weiter oben Kap. 51.

†) Myrobalanum, vgl. Kap. 46.

††) Vgl. weiter unten Kap. 56.

†††) Nicht von der Insel Cypern, sondern vom Baume Cypros, vgl. Kap. 51 und Dioscorides I, 18.

aber mit Gummi, weil dieses ebenfalls an der Hand, wenn man sie umwendet, hängen bleibt und sich im Wasser setzt, was als doppelter Beweis der Aechtheit dient. 7. Auch der ächte muß hängen bleiben, mit dem Beisatze von Gummi aber vertrocknet er zugleich, indem er sich mit einer zerbrechlichen Kruste überzieht; auch durch den Geschmack verräth er sich, der durch Wachs und Harz verfälschte aber auf Kohlen durch eine schwärzere Flamme, der mit Honig versetzte zieht schon, wenn man ihn auf der Hand hat, sogleich die Fliegen an. Außerdem verdickt sich der Tropfen des ächten in lauem Wasser und setzt sich auf den Boden des Gefäßes, der verfälschte schwimmt oben wie Oel und ist er mit Metopion*) verdorben, so zieht sich ein weißer Kreis um ihn. Der beste Beweis seiner Aechtheit ist, wenn er die Milch gerinnen macht und auf den Kleidern nicht fleckt. 8. Nirgends ist auch der Betrug offenbarer, denn aus dem Sextarius,**) welchen man von der Staatskasse für dreihundert Denare kauft, löst man tausend Denare; so sehr frommt es, den Saft zu vermehren. Das Pfund Xylobalsamum kostet fünf Denare.

LV. 1. Syrien bringt da, wo es oberhalb Phönizien zunächst an Judäa grenzt, in der Gegend von Gabala***) und Marathus†) und des Berges Casius bei Seleucia††) den Storax hervor; er kommt von einem Baume,†††) welcher denselben Namen führt, der Aepfelquitte gleicht, eine scharfsüße Thräne gibt, inwendig mit dem Rohre

*) Ammoniac; vgl. Kap. 49.
**) Dem sechten Theil eines Congius, s. oben §. 4.
***) Vgl. B. V, Kap. 18, §. 1.
†) Ebend. Kap. 17, §. 4.
††) Ebend Kap 18, §. 2.
†††) Dem Storaxbaume (**storax officinalis**).

Aehnlichkeit hat und mit Saft geschwängert ist. Beim Aufgange des Hundssterns kommen geflügelte Würmchen und nagen an ihm und deßhalb ist der Storax mit Holzmehl beschmutzt. Nach dem oben genannten wird der aus Pisidien,*) Sidon,**) Cypern und Cilicien,***) am wenigsten der aus Creta, gesucht und der von dem Amanus †) in Syrien von den Aerzten und noch mehr von den Salbenhändlern geschätzt. 2. Bei jeder Art, woher sie auch seyn mag, zieht man denjenigen vor, welcher eine röthliche Farbe hat und fettig zäh ist; schlechter ist der kleienartige und mit grauem Schimmel überzogene. Man verfälscht ihn mit dem Harze oder Gummi der Ceder, auch wohl mit Honig oder bittern Mandeln; alles Dieß verräth sich aber durch den Geschmack. Der Preis des besten beträgt acht Denare. Es gibt dessen auch in Pamphylien, ††) er ist aber schärfer und weniger saftreich.

LVI. Auch das Galbanum liefert Syrien auf demselben Berge Amanus von einem Gertenkraut, †††) welches man, so wie das Harz selbst, auch Stagonitis [Tropfharz] nennt; das am meisten geschätzte ist knorpelig, rein wie das Hammoniacum und ganz und gar nicht holzig. Doch auch so wird es durch Bohnen und Sagonepum *†)

---

*) Vgl. B V, Kap. 24.

**) Ebend. Kap. 17, §. 2.

***) Ebend. Kap. 22.

†) Ebend. Kap. 18, §. 3.

††) Ebend. Kap. 26.

†††) Man hält gewöhnlich das Galbanum oder Mutterharz für das Erzeugniß des Steineppichs (bubon galbanum), es scheint aber von einer in Asien einheimischen Lappenmöhre (siler) zu kommen und wird jetzt noch zu Pflastern auf Beulen gebraucht.

*†) Soll ebenfalls ein Steckenkraut (ferula pertica) seyn; vgl. B. XX, Kap. 75.

verfälscht. Das ächte verscheucht, wenn man es verbrennt, durch seinen Dunst die Schlangen. Das Pfund kostet fünf Denare. Es wird nur als Arznei gebraucht.

LVII (XXVI). Auch den zu Salben dienenden Panax *) bringt dasselbe Land hervor; er wächst auch zu Psophis in Arcadien, an den Quellen des Erymanthus,**) in Afrika und in Macedonien; er ist ein Steckenkraut eigener Art, fünf Ellen hoch und treibt zuerst vier und dann sechs auf dem Boden liegende runde Blätter von bedeutendem Umfange; die auf dem Gipfel aber gleichen denen des Oelbaums und der Same hängt in Dolden herab, wie bei dem Steckenkraut.***) Den Saft gewinnt man, indem man in der Erndtezeit †) in den Stengel, im Herbste in die Wurzel Einschnitte macht. Man schätzt ihn besonders, wenn er, nachdem er sich verdickt hat, weiß bleibt, an Werth steht diesem zunächst der blasse, den schwarzen will man nicht. Der Preis eines Pfundes von dem besten beträgt zwei Denare.

LVIII. Von diesem Steckenkraute unterscheidet sich ein anderes, welches Spondylion ††) heißt, nur durch die Blätter, welche kleiner und wie die der Platane gespalten sind. Es wächst nur an schattigen

---

*) Die Gummimöhre (opopanax chironium); Panacee (Mittel gegen alle Leiden).

**) Ueber Psophis und Erymanthus, vgl. B. IV, Kap. 10, §. 1.

***) Vgl B. XIII. Kap. 42.

†) Welche bei den Römern in den Mai oder Juni fiel.

††) Weil es den Geruch des Spondyle, eines stinkenden Insekts hat (Dioscorides III, 90, vgl. Plinius B. XXVII, Kap. 118); wahrscheinlich **Heracleum sphondylium**, Bartsche, Bärenklau.

Stellen; sein Same, der denselben Namen führt, steht aus wie der des Sile*) und wird nur als Arznei gebraucht.**)

LIX. Syrien liefert auch das Malobalthron,***) einen Baum mit eingerolltem, dürr aussehendem Blatte, woraus man Oel zu Salben preßt; noch häufiger ist es in Aegypten, das geschätzteste kommt jedoch aus Indien. Es soll daselbst in Sümpfen wachsen, wie die Linse, stärker riechen als Safran, schwärzlich und rauh seyn und einen Salzgeschmack haben. Weniger gesucht ist das weiße; überhaupt zieht es, wenn es alt wird, sehr schnell Schimmel. Sein Geschmack muß unter der Zunge dem der Narde gleichen; sein Geruch aber übertrifft, wenn man es in Wein aufsiedet, alle übrigen. Was den Preis betrifft, so steigt wunderbarer Weise das Pfund von einem Denare bis zu dreihundert Denare; das Pfund Oel aber kostet sechzig Denare.

LX (XXVII). Auch das Omphacium †) ist ein Oel; man bereitet zweierlei Arten und auf zweierlei Weise, von dem Oelbaum und der Weinrebe. Man preßt es aus der Oelbeere, wenn diese noch weiß ist; schlechter wird das aus der Druppa,††) wie man die Oelbeere nennt, wenn sie noch nicht zum Essen reif ist, aber doch schon ihre Farbe ändert; der Unterschied besteht darin, daß dieses grün und jenes

*) Oder Seseli, Bergfenchel; vgl. B. XX, Kap. 18.

**) Vgl. B. XXIV, Kap. 16.

***) Malayovatra (Blatt von Malabar, Betel), Blatt einer Pfefferart (Tâmbûli, piper betle), welche besonders in den malabarischen und malaiischen Berggegenden häufig wächst, nicht aber in Syrien.

†) *Ομφάκιον*, Saft aus unreifen Trauben, Oliven und andern Früchten.

††) Vgl. B. XV, Kap. 2.

weiß ist. Von der psythischen oder ammineischen Rebe*) bereitet man es vor dem Aufgange des Hundssterns, wenn die Weinbeeren die Größe einer Kicher haben. Man schneidet die Traube, sobald sie wollig zu werden anfängt, und nimmt ihr den Honigsaft, die übrige Masse dörrt man an der Sonne; vor nächtlichem Thaue muß man sich dabei hüten. Der geborgene Honigsaft wird in einem Thongefäße gesammelt und dann in cyprischem Erz aufbewahrt. Der beste ist der röthliche, schärfere und trockenere. Der Preis eines Pfundes Omphacium beträgt sechs Denare. Man macht es auch auf eine andere Weise, indem man die unreife Traube in Mörsern zerstößt, an der Sonne trocknet und zu Kügelchen formt.

LXI (XXVIII). Hierher gehört auch das Bryon [Moos], eine Traube der weißen Pappel.**) Das vorzüglichste wächst in der Umgegend von Gnidus oder Carien***) an wasserarmen, dürren und rauhen Stellen, das nächstbeste an der Ceder Lyciens.†) Hieher gehört auch die Oenanthe [Weinblüthe]; darunter versteht man aber die Traube des wilden Weinstocks; sie wird gesammelt, wenn sie blüht, d. h. wenn sie am besten riecht, im Schatten auf untergebreiteter Leinwand getrocknet und in Krüge geborgen. Die vorzüglichste Sorte kommt aus Parapotamia,††) die zweite von Antiochien und Laodicäa in Syrien,†††) die dritte von den medischen Bergen. Diese taugt

*) Ueber diese Rebenarten, vgl. B. XIV, Kap. 4 und 11.

**) Plinius versteht unter Traube die balsamartigen Knospen oder Kätzchen der Silberpappel.

***) Ueber Gnidus und Carien, vgl. B. V, Kap. 29.

†) Vgl. B. XIII, Kap. 11.

††) Vgl. B. VI, Kap. 31, §. 5.

†††) Vgl. B. V, Kap. 18, §. 2.

*†) Vgl. B. VI, Kap. 17, §. 1.

besser zu Arzneien. Manche ziehen allen diesen Sorten diejenige vor, welche auf der Insel Cypern wächst, denn die in Afrika gewonnene wird nur von den Aerzten gebraucht und heißt Massaris; zu jedem Gebrauche aber ist die von dem weißen Weinstocke besser als die von dem schwarzen.

LXII. Außerdem wird zu Salben noch ein Baum verwendet, welchen Manche Elate [Tannenpalme], wir Abies [Tanne], Andere Palme und wieder Andere Spathe*) nennen. Am meisten schätzt man den hammonischen, nach diesem den ägyptischen und dann den syrischen, da er nämlich nur an wasserarmen Orten Wohlgeruch und eine fette Thräne hat, welche den Salben beigefügt wird, um das Oel zu binden.

LXIII. In Syrien wird auch ein Cinnamum erzeugt, welches Camacum heißt; man versteht darunter den einer Nuß***) ausgepreßten Saft, welcher von dem wirklichen Cinnamumsaft sehr verschieden ist, aber ihm doch an Lieblichkeit nahe kommt. Der Preis eines Pfundes beträgt vierzig Aß [1 1/3 Gulden].

---

*) Spathe ist die Blumenscheide der Palme und Plinius begeht hier einen nicht geringen Irrthum, indem er einen Theil des Baumes für den ganzen Baum hält. Vgl. Dioscorides I, 150.

**) Vgl. weiter oben Kap. 49.

***) Manche halten diese für die Nuß des Muskatbaumes (myristica moschata), der Beweis dürfte aber nicht leicht zu führen seyn.

Plinius Secundus Naturgeschichte.

Dreizehntes Buch.

Von den fremden Bäumen.

Inhalt.

Quellen.

[Römische]. M. Varro, Mucianus, Virgilius, Fabianus, Sebosus, Pomponius Mela, Fabius, Procilius, Hyginus, Trogus, der Kaiser Claudius, Corn. Nepos, Sextius Niger, welcher in griechischer Sprache über Arzneiwissenschaft schrieb, Cassius Hemina, L. Piso, Tuditanus, Antias.

Fremde: Theophrastus, Herodotus, Callisthenes, Isigonus, Clitarchus, Anaximenes, Duris, Nearchus, Onesicritus, Polycritus, Olympiodorus, Diognetus, Cleobulus, Anticlides, Chares von Mytilene, Menächmus, Dorotheus von Athen, Lycus, Antäus, Ephippus, Dio, Adimantus, Ptolemäus, des Lagus Sohn, Marsyas aus Macedonien, Zoilus eben daher, Democritus, Amphilochus, Alexander der Polyhistor, Aristomachus, der König Juba, Apollodorus, welcher über die Riechwaaren schrieb, Heraclides der Arzt, Botrys der Arzt, Archidemus deßgleichen,

Dionysius deßgleichen, Democlides deßgleichen, Euphron deßgleichen, Mnesis deßgleichen, Diagoras deßgleichen, Jollas deßgleichen, Heraclides von Tarent, Xenocrates von Ephesus.

Bemerkungen über die in diesem Buche von Plinius benützten oder angeführten Schriftsteller.*)

* Adimantus von Lampsacus ein griechischer Schriftsteller, welchen nur Strabo (XIII, 1, 19) und Plinius in dem Quellenverzeichnisse vor diesem Buche nennen; seine Schriften scheinen historischen oder geographischen Inhalts gewesen zu seyn.

—* Alexander, Cornelius, genannt der Polyhistor, wird von Plinius fast in jedem Buche benützt, in diesem entnimmt er seinem geographisch-statistischen Werke über die damals bekannte Welt eine Bemerkung (Kap. 39) über den Baum, woraus das Schiff der Argonauten gebaut gewesen seyn soll.

—* Amphilochus. Nur in dem Schriftstellerverzeichnisse vor diesem Buche genannt; vgl. die Bemerkungen über die Quellen des achten Buches.

—* Anaximenes. Vgl. die Bemerkungen vor dem vorhergehenden Buche.

*) Der Strich (—) vor einem Artikel deutet an, daß von dem Schriftsteller schon bei einem der vorhergehenden Bücher die Rede war, die griechischen Autoren sind mit einem Sternchen bezeichnet.

—* Antäus, ein Arzt, von welchem ebenfalls vor dem zwölften Buche das Nöthige bemerkt ist.

— Antias, s. Valerius Antias.

—* Anticlides, nur in dem Schriftstellerverzeichnisse genannt; vgl. über ihn die Bemerkungen vor dem vierten Buche.

—* Apollodorus, „welcher über die Riechwaaren schrieb;“ vgl. über ihn die Bemerkungen vor den beiden vorhergehenden Büchern.

—* Archidemus, der Arzt; vgl. die Bemerkungen vor dem zwölften Buche.

* Aristomachus, „der Athenienser,“ wenn sich Plinius nicht irrt und ihn nicht mit dem Aristomachus aus Soloe (vgl. die Bemerkungen vor dem eilften Buche) verwechselt. Aus irgend einem Werke dieses nicht näher bekannten Schriftstellers über Landwirthschaft oder Pflanzenkunde entnahm er in diesem Buche (Kap. 47, §. 1 und 2) die Bemerkungen über die Vorzüge des Cytisus (Kleestrauchs).

— Augustus, der Kaiser; daß er sich auch als Schriftsteller versuchte, ist bekannt. Plinius erzählt in diesem Buche (Kap. 26), daß er Handschriften seiner Werke auf Papyrus sah.

* Bothrys, ein berühmter Arzt von Athen, welchen Plinius in dem Quellenverzeichnisse zu diesem und andern Büchern nennt, ohne Näheres über seine Lebensverhältnisse oder über seine Werke mitzutheilen.

—* Callisthenes; nur im Quellenverzeichnisse genannt; vgl. die Bemerkungen zu dem vorhergehenden Buche.

Calpurnius Piso, s. Piso Calpurnius.

Cassius Hemina, einer der ältesten römischen Geschichtschreiber („vetustissimus auctor Annalium,“ Kap. 27, §. 1), welcher in der Mitte des zweiten Jahrhunderts vor Chr. lebte. Er schrieb

Annalen in wenigstens vier Büchern, von denen aber nur noch einige unbedeutende Bruchstücke vorhanden sind. Aus dem vierten Buche derselben hat uns Plinius (Kap. 27, §. 2) eine Stelle über die im Grabe des Königs Numa Pompilius unversehrt gefundenen Bücher erhalten.

—* Chares von Mitylene. Vgl. die Bemerkungen vor dem vorhergehenden Buche.

— Cicero, M. Tullius. In seiner Haushaltung scheint dieser berühmte Redner nicht frei von Ueppigkeit gewesen zu seyn, wenigstens besaß er einen Tisch von Lebensbaumholz, welcher eilfmalhunderttausend Sesterzien werth war (Kap. 29, §. 1). Handschriften seiner Werke auf Papyrus sah Plinius (Kap. 26). Aus einer seiner verlorenen Schriften ist in diesem Buche (Kap. 4, §. 2) die Bemerkung genommen, daß die Salben angenehmer seyen, wenn sie nach Erde, als wenn sie nach Saffran schmecken. Eine ähnliche Stelle findet sich auch in dem Werke vom Redner die von Plinius berücksichtigte kann es aber nicht seyn.

— Claudius, der Kaiser. Von ihm wird in diesem Buche (Kap. 24) gesagt, daß er eine vorzügliche Papiersorte verfertigen ließ, die nach ihm benannt wurde. Er war also nicht nur Schriftsteller (vgl. die Bemerkungen vor dem fünften Buche), sondern sorgte auch für gutes Schreibmaterial.

—* Clitarchus. Wird nur in dem Quellenverzeichnisse genannt. Vgl. die Bemerkungen vor dem dritten Buche.

—* Cleobulus. Plinius nennt den Namen dieses Schriftstellers nur in dem Quellenverzeichnisse ohne weitere Bemerkung; es läßt sich deßhalb nicht entscheiden, ob es derselbe Cleobulus ist, der geographische Werke verfaßt zu haben scheint, und von welchem schon bei dem vierten Buche die Rede war; ebenso zweifelhaft ist es, ob es der von Columella (de re rust. I, 1) angeführte Cleobulus ist, welcher über Landwirthschaft schrieb. Von keinem dieser Cleobulus, welche vielleicht eine und dieselbe Person sind, weiß man etwas Näheres.

Cornelius Alexander, s. Alexander Cornelius.

— Cornelius Nepos. Es dürfte nicht leicht zu bestimmen seyn, aus welchem seiner historischen Werke die in diesem Buche (Kap. 32, §. 1 und 2) mitgetheilten Bemerkungen, daß der Lotusbaum klein sey und daß man aus seiner Frucht nicht nur einen methartigen Wein ziehe, sondern daß man sie auch mit Spelzgraupen gestampft in Tonnen zur Nahrung aufbewahre, entlehnt sind.

—* Democlides (nach Harduins Emendation Democedes); vgl. die Bemerkungen vor dem vorhergehenden Buche.

—* Democritus. Aus einer seiner naturwissenschaftlichen Schriften ist in diesem Buche (Kap. 47, §. 2) die Bemerkung genommen, daß der Cytisus (Kleestrauch) gutes Bienenfutter sey.

—* Diagoras der Arzt. Nur in dem Quellenverzeichnisse genannt und schon bei dem zwölften Buche berührt.

—* Dio aus Colophon. Die Stellen, wo in diesem Buche seine Schriften über den Landbau benützt sind, lassen sich nicht nachweisen.

—* Diognetus. Vgl. die Bemerkungen vor dem sechsten und zwölften Buche.

—* Dionysius, nur in dem Quellenverzeichnisse als Arzt angeführt; vgl. die Bemerkungen zu dem vorhergehenden Buche.

—* Dorotheus von Athen. Das Wenige, was man von ihm weiß, ist bereits bei dem vorhergehenden Buche gesagt.

—* Duris. Vgl. über ihn und seine Werke die Bemerkungen vor dem siebenten Buch.

—* Ephippus. Ueber ihn ist bei diesem Buche ebensowenig zu sagen, wie bei dem vorhergehenden.

—* Euphron, der Arzt. Vgl. die Bemerkungen zu dem vorhergehenden Buche.

— Fabianus Papirius; vgl. die Bemerkungen zu dem zweiten Buche. Plinius benützte die Schriften dieses Naturforschers sehr fleißig; bezeichnet aber in diesem Buche keine einzige Stelle, die ihm entlehnt ist, näher.

— Fabius Pictor. Nur in dem Quellenverzeichnisse genannt; vgl. über ihn die Bemerkungen vor dem zehnten Buche.

Hemina, s. Cassius Hemina.

—* Heraclides, der Arzt, und Heraclides von Tarent, ebenfalls Arzt; vgl. über beide die Bemerkungen vor dem vorhergehenden Buche.

—* Herodot. Es läßt sich in diesem Buche keine andere Stelle nachweisen, bei welcher Plinius diesen Historiker besonders berücksichtigte, als die kurze Beschreibung der Lotospflanze in Aegypten (Kap. 32, §. 3, vgl. Herodot II, 92).

—* Homer. Plinius bezieht sich oft auf diesen Dichter; so in diesem Buche bei den Bemerkungen, daß vor dem trojanischen Kriege schon Schreibtafeln im Gebrauche waren (Kap. 21, §. 2. Kap. 27, §. 3, vgl. Il. VI, 169), daß zur Zeit Homers die Insel Pharus noch eine Tagreise von der ägyptischen Küste entfernt war (Kap. 21, §. 2. Kap. 27, §. 3, vgl. Odyss. IV, 354—357) und daß der Dichter schon den Lebensbaum (thuya articulata) als Räucherwerk kannte (Kap. 30, §. 4, vgl. Odyss. V, 60). Außerdem spielt er (Kap. 1, §. 1) auf die Stelle (Il. XXIII, 185) an, wo Aphrodite Hector's Leichnam mit Rosenöl salbt, und (Kap. 32, §. 2) auf eine andere (Odyss. IX, 95 ff.), wo von der Lotusfrucht die Rede ist.

— Hyginus, C. Julius. Einem seiner Werke, wahrscheinlich der Schrift über die Bienenzucht, ist die Bemerkung (Kap. 47, §. 4) entlehnt, daß der Cytisus (Kleestrauch) keinen Feind habe, da sein Holz ohne allen Reiz sey.

—* Jollas, nur in dem Quellenverzeichnisse genannt; es werden mehrere griechische Aerzte dieses Namens erwähnt; der berühmteste ist Jollas aus Bithynien, welcher um die Mitte des dritten Jahrhunderts vor Chr. lebte.

—* Isigonus. Vgl. über ihn die Bemerkungen vor dem siebenten und zwölften Buche.

—* Juba (vgl. die Bemerkungen vor dem fünften und sechsten Buche). Plinius erzählt (Kap. 29, §. 1), daß mit dem Nachlasse dieses Königs zwei Tische von Lebensbaumholz zum Verkaufe ausgeboten wurden, von denen der eine zwölfmalhunderttausend Sesterzien und der andere etwas weniger kostete. In einer seiner Schriften, wahrscheinlich in seinem Werke über Arabien, zieht er, wie Plinius bemerkt, die Dattel, welche bei den nomadischen Arabern wächst, allen Leckereien vor (Kap. 7, §. 5) und nennt die gemeinen Datteln Nachtischdatteln (Kap. 9, §. 6). Auch ist wohl demselben Werke die Bemerkung (Kap. 52) über einige Korallenarten im indischen Meere entlehnt.

— Licinius Mucianus, „welcher dreimal Consul war,“ erzählt in seinem Geschichtswerke, daß er, während er Statthalter in Lycien war, in einem Tempel einen auf Papyrus geschriebenen Brief des trojanischen Helden Sarpedon gesehen habe, was Plinius sehr bezweifelt.

—* Lycus. Vgl. über diesen Historiker die Bemerkungen vor dem vorhergehenden Buche.

—* Marsyas der Macedonier. Auch über diesen Geschichtschreiber ist nichts weiter zu sagen, als was bereits vor dem vorhergehenden Buche bemerkt ist.

— Mela Pomponius. Plinius berücksichtigt in dem vorliegenden Buche diesen von ihm viel benützten Schriftsteller wahrscheinlich bei einigen geographischen Andeutungen.

—* Menächmus. Vgl. über ihn die Bemerkungen vor dem vierten und zwölften Buche.

—* Menander von Athen. Plinius sagt (Kap. 2, §. 7), wahrscheinlich mit Bezug auf einzelne Stellen der Lustspiele dieses Dichters, daß zur Zeit desselben die Bockshornsalbe die berühmteste war.

—* Mnesides, der Arzt. Vgl. über ihn die Bemerkungen zu dem vorhergehenden Buche.

— Mucianus, s. Licinius Mucianus.

—* Nearchus. Vgl. die Bemerkungen vor dem sechsten und zwölften Buche.

— Nepos Cornelius, s. Cornelius Nepos.

— Niger Sextius, s. Sextius Niger.

—* Olympiodorus, ein griechischer Geschichtschreiber, von dem schon bei dem vorhergehenden Buche gesprochen wurde.

—* Onesicritus, vgl. über diesen nicht sehr glaubwürdigen Historiker die Bemerkungen vor dem zweiten Buche.

— Piso, L. Calpurnius, „ehmaliger Censor" (im J. 120 vor Chr.), aus dem ersten Buche seiner Annalen (Cicero, Brut. 27. Gellius N. A. XI, 14) oder, wie Plinius sich ausdrückt, Denkwürdigkeiten (primo commentariorum) ist in diesem Buche (Kap. 27, §. 2) eine Bemerkung über die im Grabe des Numa Pompilius unversehrt gefundenen Schriften entlehnt.

—* Polycritus. Ueber diesen nur in dem Quellenverzeichnisse genannten Historiker, vgl. die Bemerkungen vor dem vorhergehenden Buche.

— Pomponius Mela, s. Mela Pomponius.

— Procilius. Vgl. über ihn die Bemerkungen vor dem achten und zwölften Buche.

—* Ptolemäus, des Lagus Sohn; das Nöthige über diesen den Wissenschaften holden König wurde bereits bei dem vorhergehenden Buche gesagt.

— Sebosus, s. Statius Sebosus.

— Sempronius Tuditanus. Dem „dreizehnten Buche" seiner Annalen (vgl. die Bemerkungen vor dem vorhergehenden Buche) ist die Mittheilung (Kap. 27, §. 2) über den Inhalt der im Grabe des Königs Numa Pompilius unversehrt gefundenen Schriften entlehnt.

— Sextius Niger, „welcher in griechischer Sprache über Arzneikunde schrieb;" vgl. über ihn die Bemerkungen vor dem zwölften Buche.

— Statius Sebosus. An welchen Stellen des vorliegenden Buches dieser Geograph als Quelle diente, läßt sich nicht ermitteln.

—* Theophrastus, „welcher zuerst seit der Zeit Alexanders des Großen die Begebenheiten um das Jahr 440 der Stadt Rom niederschrieb" (Kap. 30, §. 5). Von diesem Werke (das vielleicht dasselbe ist, welches der Scholiast zum Apollonius Rhodius *ἱστορικὰ ὑπομνήματα* nennt und Diogenes Laert. V, 47 unter dem einfachen Titel *περὶ ἱστορίας* anführt) läßt sich nichts Näheres sagen, da kein anderer Schriftsteller des Alterthums davon spricht. Auch Plinius hatte bei der Stelle (Kap. 30, §. 5), wo er sich bei der Schilderung der Eigenschaften des Lebensbaums auf Theophrast beruft, nicht das erwähnte geschichtliche Werk, sondern die Naturgeschichte der Pflanzen (V, 5) desselben Schriftstellers vor Augen. Dieser entlehnt er auch, ohne seine Quelle zu nennen, Bemerkungen über die sogenannte Königssalbe (Kap. 2, §. 10, vgl. H. P. IX, 7), über die Datteln (Kap. 7—9, vgl. H. P. I, 22, 23. II, 8, 9), über die Cedern (Kap. 11, vgl. H. P. I, 15, 16. III, 12), über den Terpentinbaum (Kap. 12, vgl. H. P. III, 15), über den Schmack (Kap. 13, vgl. H. P. III, 18), über die cyprische und ägyptische Feige (Kap. 14, 15, vgl. H. P. IV, 2), über den Sodbrodbaum (Kap. 16, vgl. H. P. IV, 2), über den Pfirsichbaum (Kap. 17, vgl. H. P. IV, 2), über den Cukusbaum (Kap. 18, vgl. H. P. IV, 2), über den Schotendorn und andere Acacien (Kap. 19, vgl. H. P. IV, 3), über die Papierstaude (Kap. 22, vgl. H. P. IV, 9), über den Lotos (Kap. 32, vgl. H. P. IV, 3, 4, 10) und über die Tange und andere Seegewächse (Kap. 48—51, vgl. H. P. IV, 6—8).

— Trogus Pompejus, wird nur in dem Quellenverzeichnisse genannt; vgl. die Bemerkungen vor dem siebenten Buche.

Tubitanus, s. Sempronius Tubitanus.

— Valerius Antias, Q. Aus „dem zweiten und dritten Buche" seiner Annalen (vgl. die Bemerkungen vor dem zweiten Buche) nimmt Plinius (Kap. 27, §. 3) eine Bemerkung über den Inhalt der im Grabe des Königs Numa Pompilius unversehrt gefundenen Bücher.

— Varro, M. Terentius. Dem sechsten Buche seiner nicht mehr vorhandenen „menschlichen Alterthümer" (humanarum antiquitatum sexto) ist eine Bemerkung (Kap. 27, §. 2) über den Inhalt der eben erwähnten Bücher Numa's entnommen. Nicht näher ist das Werk Varro's bezeichnet, welchem Plinius die Nachricht

(Kap. 21) über die Zeit der Erfindung des Papiers und des Pergaments entlehnt.

— Virgilius Maro. Plinius erzählt (Kap. 26), daß er Handschriften dieses Dichters auf Papyrus gesehen habe.

—* Xenocrates von Ephesus. Nur in dem Quellenverzeichnisse erwähnt.

—* Zoilus aus Macedonien. Ueber ihn und Xenocrates, vgl. die Bemerkungen vor dem vorhergehenden Buche.

I. 1. Bis jetzt war von dem Schatze der Wälder an Riechwaaren die Rede und jede derselben erregte an für sich Bewunderung; der Ueppigkeit gefiel es aber alle zu mischen und aus sämmtlichen einen einzigen Wohlgeruch zu bereiten; so wurden die Salben*) erfunden.

(I). Wer sie zuerst erdachte, wird nicht berichtet; zu Iliums Zeiten waren sie noch nicht vorhanden,**) man bediente sich bei der Götterverehrung noch nicht des Weihrauchs und bei den heiligen Gebräuchen kannte man nur den in Rauch gehüllten Duft einheimischer Stauden, der Ceder***) und des Lebensbaumes;†) doch war schon der

---

*) Unter Salben (unguenta) verstanden die Alten alle wohlriechenden Essenzen, Oele und Pomaden.

**) Schon im zweiten Buche Mosis (Kap. 30, v. 23 ff.) wird die Bereitung eines Salböls aus Myrrhe, Zimmet, Kalmus, Kassien und Oliven beschrieben.

***) Oder vielmehr des Wachholder; vgl. weiter unten Kap. 11.

†) Citrus; vgl. B. V, Kap. 1, §. 12.

Rosensaft erfunden, denn er wird ebenfalls bereits als Oel*) gepriesen. 2. Die Salbe verdankt ihr Daseyn dem Volke der Perser; diese triefen davon und verscheuchen mit Hülfe dieser Annehmlichkeit den durch Gefräßigkeit entstandenen übeln Geruch. Das Erste, was ich dieser Art finde, ist, daß Alexander, als er das Lager des Königs Darius erobert hatte, mit dessen übrigen Geräthschaften auch ein Salbenkästchen erbeutete.**) Später wurde das Vergnügen daran auch bei uns zu den beliebtesten und anständigsten Genüssen des Lebens gezählt und bereits hat man angefangen, auch die Verstorbenen damit zu ehren. Wir wollen deßhalb weitläufiger davon sprechen, jedoch die Salben, welche nicht von Stauden***) herrühren, nur dem Namen nach anzeigen, ihr Beschaffenheit aber an den betreffenden Stellen erörtern.

II. 1. Die Salben haben ihre Beinamen theils von ihrem Vaterlande, theils vom Safte,†) theils von Bäumen, theils von besondern Umständen, und vor Allem ist es nöthig zu wissen, daß ihr Ansehen dem Wechsel unterworfen und ihr Ruhm häufig vorübergehend war. Vor Alters wurde die von der Insel Delos, später die mendesische††) am meisten geschätzt. Dieß geschah nicht allein in Folge der Mischung und Zusammensetzung, sondern je nachdem dieselben Säfte abwechselnd an diesem oder jenem Orte zu jeder Bereitung besser taugten oder ausarteten. Lange gefiel am meisten die Schwertel-

*) Aphrodite salbte Hektor's Leichnam mit Rosenöl. Il. XXIII, 185.

**) Vgl. B. VII, Kap. 30, §. 1.

***) Sondern von Bäumen oder Pflanzen.

†) Woraus sie bereitet werden.

††) Aus dem mendesischen Bezirke in Aegypten; vgl. B. V, Kap. 9, §. 3 und weiter unten §. 4.

salbe*) von Corinthus, dann die von Cyzicus,**) ebenso die Rosensalbe***) von Phaselus, †) bis diesen Ruhm Neapel, Capua und Präneste ††) an sich rissen. 2. Lange wurde die Safransalbe †††) am meisten zu Soli*†) in Cilicien gesucht, sodann auf Rhodus, die Weinblüthesalbe**†) auf Cypern, später zu Adramytteos,***†) die Majoransalbe †*) auf Cos, †**) wo später die Quittensalbe †***) den Vorzug erhielt, die Cyprussalbe §*) auf Cypern und dann in Aegypten, wo plötzlich die mendesische und die metopische §**) mehr Beifall fanden; alsbald riß Phönicien diese an sich und ließ Aegypten in der Cyprussalbe den Vorzug; seine panathenäische §***) hat Athen beständig behauptet.

---

*) Irinum. Aus der Wurzel des Schwertels (iris florentina, Veilchenwurz). Vgl. weiter unten §. 6.

**) Vgl. B. V, Kap. 40. §. 2.

***) Rhodinum. Vgl. weiter unten §. 5.

†) Oder Phaselis, vgl. B. V, Kap. 26.

††) Ueber Capua und Präneste vgl. B. III, Kap. 9, §. 11.

†††) Crocinum. Von den Narben des gemeinen Safrans (crocus sativus).

*†) Oder Solö. Vgl. B. V, Kap. 22, §. 2.

**†) Oenanthinum. Sie wurde aus Weinblüthe und Olivenöl bereitet; vgl. Dioscorides I, 57.

***†) Vgl. B. V, Kap. 22, §. 2.

†*) Amaracinum; vgl. weiter unten §. 5.

†**) Vgl. B. V, Kap. 36, §. 3.

†***) Melinum; vgl. weiter unten §. 6.

*§) Von dem Cyprusbaume (Lawsonia inermis); vgl. B. XII, Kap 51.

**§) Mandelsalbe; vgl. §. 4 dieses Kapitels und B. XV, Kap. 7; im vorhergehenden Buche (Kap. 49) nennt Plinius das Ammoniac Metopion.

***§) Allen Atheniensern gemeinschaftliche; ihre Bereitung lernt man bei Athenäus XV, 15.

Zu Tarsus *) gab es eine pardalische, **) deren Zusammensetzung und Mischung man aber nicht mehr kennt; auch die Bereitung der Narcissensalbe aus der Narcissenblume ***) hat aufgehört. — 3. Zum Salbenmachen gehört zweierlei, Saft und ein fester Körper; jener besteht gewöhnlich aus Oelarten, dieser aus Riechwaaren; diese heißen Stymmen, †) jene Hedysmen. ††) Ein drittes dabei ist die Farbe, welche Viele vernachläßigen; man fügt deßhalb Zinnober und Ochsenzunge †††) hinzu. Beigemischtes Salz sichert die Beschaffenheit des Oels; *†) wo man aber Ochsenzunge beifügt, läßt man das Salz hinweg. Harz oder Gummi wird beigefügt, um den Geruch in der Masse festzuhalten, denn dieser verschwindet und verfliegt sehr bald, wenn man diese Zuthat nicht macht. 4. Die am schnellsten fertige und wahrscheinlich auch erste Salbe war die aus Baummoos **†) und Eichelöl. ***†) Schon mehr zusammengesetzt wurde dann die mendesische, ein Gemisch von Harz und Eichelöl und jetzt noch mehr von Metopium; dieß ist ein Oel, welches in Aegypten aus bittern Mandeln gepreßt wird; dazu fügte man noch Omphacium, †*) Cardamome,

---

*) Vgl. B. V, Kap. 22, §. 1.

**) Völlig unbekannt; Manche halten sie für gleichbedeutend mit Nardensalbe, ohne jedoch ihre Meinung begründen zu können.

***) Vgl. B. XXI, Kap. 75. Ihre Bereitung lehrt Dioscorides I, 54.

†) Stymmata (στίμματα Bindemittel) von στυφειν, zusammenziehen, dicht machen.

††) Hedysmata (ἡδύσματα), Würzen.

†††) Anchusa, vgl. B. XXII, Kap. 23.

*†) Daß es nicht ranzig wird.

**†) Bryon, vgl. B. XII, Kap. 50.

***†) Vgl. ebend. Kap. 46.

†*) Vgl. ebend. Kap. 60.

Riechbinse, Riechrohr,*) Honig, Wein, Myrrhe, Balsamsamen, Galbamum**) und Terpentinharz. 5. Zu den gewöhnlichsten und, wie man deßhalb glaubt, auch zu den ältesten Salben gehört die, welche aus Myrthenöl, Riechrohr, Cypresse, Cyprus, Mastix und Granatapfelschale besteht. Für die am meisten verbreiteten Salben möchte ich jedoch die aus der Rose verfertigten halten, weil diese überall in Fülle wächst. Die Mischung der Rosensalbe war deßhalb auch lange höchst einfach, bis man Omphacium, Rosenblüthe, Safran, Zinnober, Riechrohr, Honig, Riechbinse, Salzblume***) oder Ochsenzunge und Wein beifügte; ebenso verhält es sich mit der Saffransalbe, wozu man noch Zinnober, Ochsenzunge und Wein that, und ebenso mit der Majoransalbe,†) welcher man Omphacium und Riechrohr beimischte. 6. Am besten ist diese auf Cypern und zu Mitylenä,††) wo der meiste Majoran wächst. Man mischt auch geringere Arten Oel aus Myrthe und Lorbeer und fügt Majoransalbe, Lilie, Bockshorn,†††) Myrrhe, Casia,*†) Narde,**†) Riechbinse und Cinnamomum***†) hinzu. Auch aus Birn- und Apfelquitten†*) macht man, wie wir bemerken werden,†**) Quittenöl, welches zu Salben wird,

---

*) Juncus, calamus, vgl. ebend. Kap. 48.

**) Vgl. ebend. Kap. 56.

***) Gewöhnliches geläutertes (sublimirtes) Salz.

†) Sampsuchinum, weiter oben (§. 2) Amaracinum genannt; aus Majoran (origanum majorana, vgl. B. XXI, Kap. 35).

††) Vgl. B. V, Kap. 39, §. 1.

†††) Fenum graecum; vgl. XVIII, Kap. 39.

*†) Vgl. B. XII, Kap. 43.

**†) Vgl. ebend. Kap. 26.

***†) Vgl. ebend. Kap. 42.

†*) Mala cotonea und struthia, vgl. B. XV, Kap. 10.

†**) B. XXIII, Kap. 54.

wenn man Omphacium, Cyprus- und Sesamöl, Balsam, Riechbinse, Casia und Nabwurz *) beimischt. Die zärteste von allen ist die Schwertelsalbe; **) sie besteht aus Lilien, Eichelöl, Riechrohr, Honig, Cinnamomum, Saffran und Myrrhe. 7. Ebenso ***) ist die Cyprussalbe, welche aus Cyprus, Omphacium, Cardamome, Riechrohr, Aspalathos †) und Nabwurz besteht. Manche fügen der Cyprussalbe auch Myrrhe und Panax ††) bei. Sie ist am besten zu Sidon †††) und dann in Aegypten, wenn man kein Sesamöl hinzuthut. Sie hält sich sogar vier Jahre und wird durch Cinnamomum aufgefrischt. Die Bockshornsalbe *†) wird aus frischem Oel, Cypergras, **†) Riechrohr, Steinklee, ***†) Bockshorn, Honig, Katzenkraut †*) und Majoran gemacht; sie war zur Zeit des Lustspieldichters Menander die berühmteste; lange nach ihr kam die wegen ihrer Berühmtheit sogenannte megalische †**) auf, welche aus Eichelöl, Balsam, Riechrohr, Riechbinse, Holzbalsam, †***) Casia und Harz besteht. Eine Eigenthüm-

---

*) Abrotanum = Artemisia abrotonum L. Vgl. B. XXI, Kap. 34.

**) Susinum (von σοῦσον, Lilie), weiter oben (§. 1) Irinum genannt.

***) Ebenso zart nämlich.

†) Vgl. B. XII, Kap. 52.

††) Vgl. ebend. Kap. 57.

†††) Vgl. B. V, Kap. 15, §. 2.

*†) Telinum, von τῆλις, foenum graecum.

**†) Vgl. B. XXI, Kap. 70.

***†) Melilotus = Trifolium officinale L. Vgl. B. XXI, Kap. 37.

†*) Maron = Teucrium marum L. Vgl. B. XII, Kap. 53.

†**) Megalium (μεγαλεῖον), die große, vornehme; nach Andern hatte sie diesen Namen von ihrem Erfinder, dem Sicilianer Megalos.

†***) Vgl. B. XII, Kap. 54, §. 5.

lichkeit derselben ist, daß sie beim Kochen so lange gelüftet werden muß, bis sie zu riechen aufhört; wenn sie erkaltet, erhält sie ihren Geruch wieder. 8. Auch einzelne Säfte geben vorzügliche Salben, vor allen der Raupfeffer,*) sodann der illyrische Schwertel**) und der Majoran von Cyzicus,***) welche beide zu den Kräutern gehören. Einer und der Andere mischt noch Dieses und Jenes, aber nur Weniges bei, höchstens setzt man beiden noch Honig, Salzblume, Omphacium, Keuschlammblätter†) und Panax zu. Alle diese Salben sind ausländisch;††) auch die Preise der Cinnamomumsalbe sind ungeheuer; sie ist aus Cinnamum, Eichelöl, Holzbalsam, Riechrohr, Riechbinse, Balsamsamen, Myrrhe und wohlriechendem Honig zusammengesetzt und die dickste aller Salben. Sie kostet fünfundzwanzig bis dreihundert Denare. Die Narden- oder Blättersalbe†††) besteht aus Omphacium, Eichelöl, Riechbinse, Costwurz,*†) Narde, Amomum,**†) Myrrhe und Balsam. Bei dieser Salbengattung muß daran erinnert werden, daß es neun bereits***†) von uns erwähnte Kräuterarten gibt, welche der indischen Narde ähneln; so viel Stoff bietet sich zur Verfälschung! 9. Alle Salben aber werden durch

---

*) Vgl. ebend. Kap. 59.

**) Iris; vgl. B. XXI, Kap. 19.

***) Vgl. weiter oben §. 1.

†) Agnus = vitex agnus castus; vgl. B. XXIV, Kap. 38.

††) Ich übersetze nach einer andern Interpunktion und behalte die alte Lesart bei, da ich Harduin's Verbesserung keinen Sinn zu entlocken vermag, denn warum sollen Honig, Salzblume und Keuschlamm ausländisch heißen?

†††) Vgl. B. XII, Kap. 27.

*†) Vgl. ebend. Kap. 25.

**†) Vgl. ebend. Kap. 28.

***†) Vgl. ebend. Kap. 26 und 27.

Costwurz und Amomum, welche am meisten in die Nase steigen, schärfer, durch Myrrhe dicker und lieblicher, durch Saffran für Arznei brauchbarer und durch Amomum allein, welches auch Kopfschmerzen verursacht, äußerst streng. Manche begnügen sich damit, die kostbarsten Bestandtheile beizuspritzen, wenn die übrigen gekocht sind [indem sie so an den Auslagen sparen, diese Theile haben aber nicht dieselbe Kraft, als wenn sie mitgekocht werden *)]. Die Myrrhe gibt für sich schon auch ohne Oel eine Salbe; jedoch nur die Tropfmyrrhe, **) denn sonst führt sie allzugroße Bitterkeit mit sich. Durch Cyprusöl wird die Salbe grün, durch Schwertelöl fettig, durch mendesisches Oel schwarz, durch Rosenöl weiß, durch Myrrhe blaß. Dieß sind die Salben von alter Erfindung und die späteren Verfälschungen der Werkstätten; nun soll noch von dem Inbegriffe aller Ergötzlichkeiten und von der höchsten Kostbarkeit dieser Art gesprochen werden.

(II). 10. Ich meine die Königssalbe, welche diesen Namen führt, weil sie so nur für die Könige der Parther bereitet wird; sie besteht aus Salbeneichel,***) Costwurz, Amomum, Cinnamum, Comacum,†) Cardamome, Spieknarde,††) Katzenkraut, Myrrhe, Casia, Storax, Ladanum,†††) Tropfbalsam,†*) Riechrohr, Riechbinse, Weinblüthe Raupfeffer, Serichatum,†**) Cyprus, Aspalathos, Panax, Saffran,

*) Die eingeschlossenen Worte sollen in allen Handschriften fehlen.
**) Stacte; vgl. B. XII, Kap. 35, §. 1.
***) Vgl. B. XII, Kap. 46, §. 1.
†) Vgl. ebend. Kap. 63.
††) Spica nardi = nardostachys spica L., sie ist die ächte Narde der Alten und wächst in Ostindien auf Gebirgen.
†††) Vgl. B. XII, Kap. 37.
*†) Vgl. ebend. Kap. 54, §. 4.
**†) Vgl. ebend. Kap. 45.

Cypergras, Majoran; Lotus,*) Honig und Wein. Und für diese Waare wächst in dem über alle Völker siegreichen Italien, ja in ganz Europa nichts, als der illyrische Schwertel und die gallische Narde, denn der Wein, die Rose, die Myrthenblätter und das Oel sind bekanntlich fast allen Ländern gemein.

III. Die sogenannten Diapasmen***) bestehen aus trockenen Riechwaaren; die Salbenhefen heißen Magma;†) von allen Gerüchen bleibt immer derjenige der stärkste, welcher zuletzt hinzukommt. Die Salben erhalten sich am besten in Alabasterbüchschen, die Wohlgerüche in Oel und dieses gewährt ihre Dauer um so mehr, je fetter es ist, wie das Mandelöl. Auch die Salben werden durch das Alter besser. Die Sonne ist ihnen nachtheilig, weßhalb man sie im Schatten in bleiernen Gefäßen kocht. Ihre Probe wird auf der umgewandten Hand vorgenommen, damit nicht die Wärme des fleischigen Theiles sie verdirbt. ††)

IV (III). 1. Dieß ist der Stoff zu der überflüssigsten aller Ueppigkeiten, denn die Perlen und Edelsteine gehen doch auf den Erben über, die Kleider dauern eine Zeitlang, die Salben aber verdunsten sogleich und sterben schon nach Stunden ab. Ihr größtes Verdienst besteht darin, daß, wenn ein Weib vorübergeht, ihr Geruch auch die mit Anderm Beschäftigten lockt, und doch kostet das Pfund vierzig Denare;

---

*) Vgl. weiter unten Kap. 32.

**) Vgl. XII, Kap. 26. B. XXI, Kap. 79.

***) Diapasmata (διαπασματα, von διαπασσειν, bestreuen), Pulver.

†) Magma (μαγμα, von μασσειν, kneten), Teig.

††) Die Gerüche entwickeln sich zwar durch die Wärme der hohlen Hand, wie aber die Salben dadurch verderben sollen, läßt sich nicht leicht einsehen.

so theuer kauft man das Vergnügen Anderer, denn wer den Wohlgeruch an sich trägt, merkt nichts davon. 2. Doch auch hierin muß ein Unterschied hervorgehoben werden. In M. Cicero's Schriften *) findet man, daß die Salben angenehmer seyen, wenn sie nach Erde, als wenn sie nach Safran schmecken, **) denn auch bei der schlimmsten Art von Verderbniß behagt doch immer noch etwas Strenge im Laster selbst. Manche ergötzt aber das Dicke an der Salbe, was sie Stypsis ***) nennen, und lieben es, sich mit Salben nicht nur zu benetzen, sondern auch zu bestreichen. Wir sahen auch die Fußsohlen einsalben, was M. Otho †) dem Fürsten Nero gezeigt haben soll. 3. Ich möchte doch wissen, wie es an diesem Theile des Körpers fühlbar und ergötzlich seyn kann! Auch hörten wir, daß irgend ein Privatmann die Wände der Badstuben mit Salbe besprengen, so wie auch daß der Fürst Cajus die Badwannen einsalben ließ und, damit dieser Genuß nicht allein fürstlich erscheine, später einer von den Sklaven Nero's dasselbe that. Am meisten muß man sich jedoch darüber wundern, daß diese Annehmlichkeit in die Lager gedrungen ist; wenigstens werden die Adler und Feldzeichen, die sonst mit Staub bedeckten und von Wächtern umstarrten, an festlichen Tagen eingesalbt, und ich möchte angeben können, wer dieses zuerst einführte. Ja anders ist es nicht,

---

*) Die Stelle, auf welche Plinius hindeutet, findet sich in den noch vorhandenen Schriften nicht, eine ähnliche aber de Orat. III.

**) Vgl. B. XVII, Kap. 3, §. 11.

***) Στύψις (dichte) von στύφειν, zusammenziehen, dicht machen; also das Pflasterartige.

†) M. Salvius Otto, der spätere Kaiser, unterstützte in seiner Jugend den Kaiser Nero in der Ueppigkeit und Liederlichkeit. Tacitus, Annal. XIII, 12 ff.

die Adler haben sicherlich, von diesem Lohne bestochen, den Erdkreis besiegt. So suchen wir einen Deckmantel für unsere Laster und halten uns dadurch für berechtigt, Salben unter dem Helme zu gebrauchen.

V. Wann das Salben zuerst bei den Römern Eingang fand, dürfte nicht leicht zu bestimmen seyn; gewiß ist, daß nach der Besiegung des Königs Antiochus*) und Asiens im fünfhundertundfünfundsechzigsten Jahre der Stadt [189 vor Chr.] die Censoren P. Licinius Crassus und L. Julius Cäsar verordneten, daß Niemand exotische [ausländische] Salben verkaufen dürfe, denn so nannte man sie noch damals, aber, beim Hercules! jetzt mischen Manche sie sogar in die Getränke und die Bitterkeit**) ist bereits zu solchem Ansehen gelangt, daß man den Wohlgeruch am Körper von zwei Seiten her***) verschwenderisch genießt. Bekannt ist, daß der von den Triumvirn geächtete L. Plotius, ein Bruder des zweimaligen Consuls und Censors L. Plancus, in seinem Verstecke zu Salernum durch den Salbengeruch verrathen würde, †) durch welche Schmach sich die ganze Acht rechtfertigte, denn wer hält nicht dafür, daß solche Menschen mit Recht zu Grunde gehen?

VI (IV). Uebrigens eignet sich von allen Ländern Aegypten am besten zur Salbenbereitung; nach ihm kommt Campanien wegen seiner

*) Antiochus III., König von Syrien, mußte nach dem Verluste mehrerer Schlachten im J. 189 vor Chr. um Frieden bitten, den er aber nur durch den Verlust seiner Unabhängigkeit und andere schwere Opfer zu erkaufen vermochte. Polybius XXI, 13 f.

**) Man mischte vorzüglich bittere aromatische Dinge, wie Myrrhe und Aloe in den Wein. Palladius de re rust. XI, 14.

***) Von außen durch das Einsalben, von innen durch das Trinken.

†) Vgl. Valerius Maximus VI, 8, 5.

Rosenfülle; Judäa ist aber noch weit berühmter durch seine Palmen, deren Beschaffenheit jetzt geschildert werden soll. Es gibt deren zwar auch in Europa und in Italien allenthalben, aber sie sind unfruchtbar; in den Seestrichen Hispaniens tragen sie Frucht, welche aber herbe bleibt; in Afrika ist diese süß, verliert jedoch sogleich ihren Geschmack.*) Im Morgenlande dagegen geben sie Wein, bei manchen Völkern das Brod und bei den meisten auch das Futter für die Vierfüßler; weßhalb sie denn mit Recht ausländisch genannt werden mögen. In Italien wächst keine von selbst, ebensowenig an irgend einem andern Orte der Erde, wo es nicht warm ist, und Früchte trägt sie nur da, wo es heiß ist.

VII. 1. Sie wächst in leichtem, sandigem und meist auch in salpetrigem Boden; ferner liebt sie wasserreiche Orte und will das ganze Jahr hindurch, wenn dieses trocken ist, getränkt seyn. Auch soll ihr der Mist schaden, jedoch nur, wie die Assyrier zum Theil glauben, wenn er nicht durch Wasserrinnen verdünnt wird. Es gibt mehrere Arten; die der ersten**) werden nicht höher als ein Strauch, sind im Allgemeinen unfruchtbar, jedoch auch hier und da fruchtbar und an dem kurzen Aestekreise dicht belaubt; sie dienen an den meisten Orten als Deckmittel der Wände gegen den Regenanschlag. 2. Die höheren bilden Wälder und aus dem Stamme selbst treibt ringsum der Blätterstachel kammartig hervor; diese müssen nothwendig als wilde be-

*) Die Dattelpalme (phoenix dactylifera), welche Plinius hauptsächlich bei seiner Beschreibung im Auge hat, trägt jetzt an vielen Stellen Italiens, Spaniens und Frankreichs gute Früchte, die besten aber in Afrika, besonders in Beludulgerid (Dattelland, südlich von Algier und Tunis), und in Arabien.

**) Wahrscheinlich die Zwergpalme (chamaerops humilis L.).

trachtet werden, doch vermischen sie sich aus unbekannter Begierde auch mit den zahmeren; die übrigen sind rund und hoch und wegen der dichten, wie Stufen gestalteten, kreisförmigen Knorren an der Rinde für die Völker des Morgenlandes leicht zu ersteigen, indem man einen Wiedenreif um sich und den Baum schlingt,*) wodurch der Mensch mit wunderbarer Schnelligkeit hinaufkommt. Alles Laub befindet sich am Gipfel, so wie auch die Frucht, und diese hängt nicht zwischen den Blättern, wie bei den andern Bäumen, sondern zwischen den Aesten traubenartig an eigenen Kolben und hat zugleich die Beschaffenheit der Traube und der Baumfrucht. Die messerförmig zugespitzten und an ihren Seiten getheilten Blätter gaben den ersten Begriff einer doppelten Schlachtordnung und werden jetzt zu Stricken, Korbgeflechten und leichten Sonnenschirmen gespalten. 3. Daß es bei den Bäumen oder vielmehr bei Allem, was die Erde hervorbringt, und sogar bei den Kräutern zwei Geschlechter gebe, behaupten die aufmerksamsten Naturforscher, was hier nur im Allgemeinen berührt werden mag; bei keinen andern Bäumen aber zeigt sich dieß deutlicher. Die männliche Palme blüht an dem Kolben, die weibliche sproßt ohne Blüthe nur ährenartig;**) bei beiden aber entsteht zuerst das Fleisch der Frucht und nachher der Stein inwendig,***) d. h. der Same. Als Beweis dafür dient, daß man an demselben Kolben auch kleine Früchte

*) Noch jetzt besteigt man in Afrika die Palmen auf dieselbe Weise.

**) Man nennt die männlichen Palmen Staubbäume, die weiblichen Fruchtbäume; beide blühen, man nimmt aber zur Befruchtung der weiblichen aus den Scheiden der männlichen die Rispen heraus, wenn deren Blüthen noch geschlossen sind.

***) Diese Bemerkung ist nur richtig, wenn damit gesagt werden soll, daß der Stein erst später erhärtet.

ohne einen solchen findet; er ist aber länglich und nicht, wie bei den Oelbeeren, rund. Außerdem ist er auf seinem Rücken durch eine gepolsterte Furche gekerbt und mitten auf seinem Bauche mit einem Nabel versehen, woraus sich die Wurzel zuerst entwickelt. 4. Die Samen werden aber liegend gepflanzt und zwar je zwei neben einander und eben so viele oben darauf, weil aus einzelnen nur eine schwache Pflanze entsteht; alle vier wachsen zusammen. Der Stein ist auch durch viele und weiße Häutchen, von denen einige mit seinem Körper zusammenhängen, von dem Fleische geschieden und hängt, weit davon abstehend, nur an der Spitze durch einen Faden damit zusammen. Das Fleisch reift in einem Jahre; an einigen Orten, wie auf Cypern, mundet es jedoch auch, obgleich es nicht zur Reife gelangt, durch seinen angenehmen Geschmack; auch ist das Blatt dort breiter und die Frucht runder als sonst; man verschluckt auch nicht die ganze Masse derselben, sondern kaut nur den Saft heraus und spuckt sie dann aus. 5. Auch in Arabien sollen die Palmfrüchte fadsüß seyn, obgleich Juba die bei den Zeltarabern *) wachsende, welche Dabla **) heißt, allen Leckereien vorzieht. Man versichert übrigens, daß in einem von selbst entstandenen Walde ohne die männlichen Bäume die weiblichen nicht tragen und daß mehrere derselben sich gegen jeden einzelnen der ersteren ringsum mit liebkosendem Laube vorwärts neigen, dieser aber dasselbe starr emporsträube und durch seinen Hauch und selbst durch seinen Anblick und seinen Staub ***) alle andern befruchte und daß, wenn man diesen

*) Vgl. B. V, Kap. 12, §. 1.

**) Vielleicht Dacla; der Palmbaum heißt im Hebräischen Dachel, daher wahrscheinlich Dactylus, Dattel. Vgl. C. Ritter's Erdkunde, B. XIII, S. 828.

***) Eine für die Geschichte der Pflanzenkunde wichtige Stelle, aus

Baum aushaue, die verwittweten weiblichen unfruchtbar würden. Auch ist das Gefühl der Liebe so stark, daß eine Begattung von dem Menschen ausgedacht wurde, indem man Blüthe und Wolle oder auch nur Staub von dem männlichen auf die weiblichen streut.*)

VIII. 1. Die Palmen können auch durch ein zwei Ellen langes Stück von dem Hirne**) des Baumes, welches man durch Spalten trennt und steckt, fortgepflanzt werden; auch von der Wurzel abgerissene Theile und die zartesten Aeste sind lebensfähige Setzlinge. In Assyrien wurzelt selbst auch der ganze Stamm, wenn man ihn auf feuchten Boden legt, bringt aber nur Sträuche und keinen Baum; man legt deßhalb Pflanzschulen an und versetzt die Bäume, wenn sie ein Jahr, und wieder, wenn sie zwei Jahre alt sind, denn sie lieben die Veränderung des Ortes und zwar anderwärts im Frühling, in Assyrien aber gegen Aufgang des Hundssterns. 2. Man berührt hier auch die jungen Bäume nicht mit dem Messer, sondern bindet die Blätter auf, damit sie in die Höhe treiben; sobald sie aber stärker geworden sind, beschneidet man sie, damit sie an Dicke zunehmen und läßt von den Aesten nur einen halben Fuß lange Stummeln stehen; nimmt man diese an einer andern Stelle ab, so tödtet man den Mutterstamm. Wir haben bereits gesagt,***) daß die Palmen den salzigen Boden lieben; wo man also keinen solchen hat, streut man Salz, aber

welcher hervorgeht, daß die Alten von der Befruchtung durch den Blüthenstaub (pollen) wenigstens eine Ahnung hatten, wenn ihnen auch noch die völlig klare Einsicht fehlte.

*) Die künstliche Befruchtung findet jetzt dadurch statt, daß man von den Rispen des Staubbaumes eine gabelförmige Ruthe in die Scheide des Fruchtbaumes steckt.

**) Dem obern Theile, auch Kopfmark genannt.

***) Kap. 7, §. 1.

nicht an die Wurzeln, sondern in einiger Entfernung. In Syrien und Aegypten theilen sich manche in zwei Stämme, auf Creta auch in drei und manche sogar in fünf. Sie tragen bereits im dritten Jahre, auf Cypern jedoch, in Syrien und Aegypten im vierten, etliche erst im fünften und zwar solche, welche nur die Höhe eines Mannes und, so lange sie jung sind, inwendig keinen Fruchtkern haben, weßhalb sie auch Verschnittene heißen.

IX. 1. Man hat viele Palmenarten. Die unfruchtbaren braucht man in Assyrien und in ganz Persien zu Bauholz und zu sauberern Arbeiten; es gibt auch haubare Palmwälder, welche, wenn sie gefällt werden, wieder aus der Wurzel treiben. Im Gipfel dieser Bäume befindet sich ein süßes Mark, welches Hirn heißt; sie leben, wenn man es herausnimmt, fort, was bei andern nicht der Fall ist. Die sogenannten Zwergpalmen*) aber, mit breiterem und zartem Blatte, taugen am besten zu Flechtwerk. Sie sind häufig auf Creta und noch häufiger auf Sicilien. Die Palmen geben lebendige Kohlen und ein langsames Feuer. 2. Von den tragbaren haben einige einen kürzeren Stein in der Frucht, andere einen längeren, diese einen weicheren, jene einen härteren und manche einen knochenartigen und mondförmigen, welchen der Aberglaube mit einem Zahne gegen Zauberei glättet. Bald ist dieser Kern mit mehrerern oder wenigeren, bald mit dickeren oder dünneren Häutchen bekleidet. So kommen, wenn man alle ihre, mitunter fremde Namen und die verschiedenen aus ihnen gezogenen Weinef anühren wollte, neunundvierzig Arten heraus.**) Die be-

---

*) Chamaerepes, die europäische Zwergpalme (chamaerops humilis L.).

) Wir kennen die verschiedenen Arten der Dattelpalme noch viel zu wenig, als daß man über die Richtigkeit dieser Angabe rühmtesten von allen sind diejenigen, welche Königsdatteln heißen, weil sie die Ehre hatten, ausschließend für die Könige Persiens aufbewahrt zu werden und einzig und allein zu Babylon in dem Garten des Bagous wuchsen; so nennt man nämlich die Verschnittenen,*) welche dort auch herrschten, und der Garten gehörte immer nur dem, welcher am Hofe gebot. 3. In dem südlichen Theile der Erde behaupten die Eberdatteln den ersten, und die Perlendatteln **) den nächsten Rang. Diese sind kurz, weiß, rund und mehr Weinbeeren als Datteln *) ähnlich, weßhalb sie auch den Namen Perlen erhalten haben. Ein einziger Baum mit solchen Datteln soll in Chora †) seyn und ebenfalls ein einziger mit Eberdatteln. Von dem letzteren haben wir die Wundermähre gehört, daß er mit dem Vogel Phönix, welcher auch von der Eigenthümlichkeit dieser Palme seinen Namen haben soll, ††) jedesmal sterbe und wieder aus sich selbst wachse, und als ich dieses schrieb, trug er grade. Die Frucht ist groß, hart und rauh und unterscheidet sich von den übrigen Arten durch einen Wildgeschmack, wie wir ihn an dem Eberfleische kennen, woher sie auch ohne allen Zweifel ihren Namen hat. Den vierten Rang nehmen die Sandalendatteln ein, ebenfalls der Aehnlichkeit wegen so genannt.

---

urtheilen könnte. Die Namen vieler derselben findet man in C. Niebuhr's Reisebeschreibung nach Arabien, B. II, S. 225 f.

*) Plinius irrt sich hier wahrscheinlich; Bagh heißt im Persischen Garten.

**) Syagri, von σύαγρος (Eber) und Margarides von μάργαρον (Perle).

***) Balani (Eicheln) sagt Plinius, denn so nannte man gewöhnlich die Palmenfrüchte; vgl. weiter unten §. 9.

†) Gebiet von Alexandrien; vgl. B. VI, Kap. 39, §. 2.

††) Im Griechischen heißt Phönix Dattelpalme und Phönixvogel; vgl. über den letzteren B. X, Kap. 2.

Jetzt sollen nur noch fünf Bäume mit solchen an der Grenze Aethiopiens vorhanden seyn und nicht weniger durch ihre Süßigkeit als durch ihre Seltenheit Bewunderung erregen. 4. Nach diesen sind die Schlafdatteln *) am meisten berühmt und sie geben nicht nur Speise, sondern auch Saft in Fülle; aus ihnen zieht das Morgenland vorzügliche Weine, die aber den Kopf beschweren, woher auch die Frucht ihren Namen hat. So wie sie hier aber am reichlichsten und fruchtbarsten sind, so sind sie in Judäa am edelsten, und nicht einmal überall, sondern hauptsächlich zu Hiericus [Jericho], jedoch werden auch die aus den zu derselben Gegend gehörenden Thäler von Archelais, **) Phaselis ***) und Livias †) gelobt. Sie haben die vorzügliche Eigenschaft, daß sie von fettem Milchsafte strotzen und äußerst süß, wie Wein mit Honig, schmecken. Bei dieser Art sind die Nikolausdatteln ††) etwas trock-

---

*) Caryotac; Plinius leitet diese Benennung fälschlich von κάρος (Schlaf, Betäubung) ab; sie kommt von κάρυον (Nuß) und diese Dattelart heißt καρυωτός φοίνιξ oder καρυῶτις (Nußdattel).

**) Die Ruinen heißen jetzt el Bassalijah und liegen am untern Laufe des Wadi el Faria. C. Ritter's Erdkunde, B. XV, Abtheil. 1, S. 457.

***) Die Ruinen, el Audscheh genannt, findet man im Thale des Wadi Fassail. Ritter, a. a. O. S. 438 und 458 f. Auch Josephus (de bell. jud. II, 9, 1) rühmt die Palmgärten von Phaselis.

†) Das frühere Bethbara (Richter VII, 24) an der Nordostecke des Todten Meeres. Ritter a. a. O. S. 538. Die Benennung Livia's erhielt es von Livia, der Gemahlin des Kaisers Augustus.

††) So nannte Augustus diese Datteln, weil er dergleichen von seinem Freunde, dem Philosophen Nikolaus aus Damascus, erhielt. Athenäus XIV, 22.

ner, aber von vorzüglicher Größe und vier zusammen haben die Länge einer Elle.*) An Süßigkeit stehen ihnen am nächsten, aber doch nicht ganz gleich die weniger schönen Schwesterdatteln,**) welche so heißen, weil sie an Geschmack mit den Schlafdatteln verschwistert sind. Die dritte Art derselben, die Quetschdatteln,***) strotzt von allzuvielem Safte; die Frucht platzt schon am Mutterstamme durch ihre Fülle und sieht dann aus wie gequetscht. Bei der Schaar der trockeneren bilden die Binsendatteln eine eigene Art und sind wegen ihrer allzulangen Schlankheit gekrümmt; diejenigen von ihnen jedoch, welche wir der Verehrung der Gottheiten widmen, nennen die Juden, ein durch seine Götterverachtung merkwürdiges Volk, Dreckdatteln.†) Ueberhaupt sind sie in Thebais ††) und in Arabien trocken, von magerer, winziger Gestalt, durch die beständige Hitze ausgedörrt und mehr mit einer Kruste als mit einer Haut überzogen. In Aethiopien selbst zerreibt man sie, so groß ist ihre Trockenheit, und knetet sie wie Mehl zu Brod; sie wachsen an einem Strauche mit ellelangen Aesten, breiterem Blatte und runder Frucht, die aber von größerem Umfange ist, als ein Apfel; sie heißen Coix,†††) reifen im dritten Jahre und der Strauch ist nie ohne Frucht, da stets frische nachwächst. 6. In Thebais wird die Frucht sogleich mit der sie belebenden Hitze in Krügen geborgen; geschieht dieß nicht, so verliert sie schnell ihre Kraft

---

*) Ein wenig übertrieben!

**) Adelphides. Die Herleitung des Namens ist etwas gezwungen, vielleicht hießen sie so, weil je zwei an einem Stiele hingen.

***) Patetae, von πατεῖν, zertreten, zerquetschen.

†) Chydaei, von χυδαῖος, gemein, schlecht.

††) Vgl. B. V, Kap. 9, §. 2.

†††) Hier ist wahrscheinlich die Kirchenbrale oder Kirchenpalme (cycas circinalis L.) gemeint.

und verdirbt, wenn man sie nicht wieder in Oefen röstet. Die übrigen Arten scheinen gemein zu seyn; die Syrer und Juba nennen sie Nachtischdatteln;*) anderwärts jedoch in Phönicien und Cilicien, so wie auch bei uns werden sie vom Volke Eicheln genannt. Auch von ihnen gibt es mehrere Arten, welche sich durch ihre runde oder längliche Gestalt unterscheiden; auch unterscheiden sie sich durch ihre Farbe; es gibt schwarze und röthliche und sie sollen nicht weniger Farben haben als die Feige; am meisten sind jedoch die weißen beliebt. Auch in der Größe sind sie verschieden, indem viele eine Elle messen und manche nicht größer sind als eine Bohne. 7. Zur Aufbewahrung endlich taugen diejenigen, welche in salzigen und sandigen Gegenden, wie in Judäa und dem cyrenäischen Afrika,**) nicht aber die, welche in Aegypten, Cypern, Syrien und dem assyrischen Seleucia***) wachsen und mit denen deßhalb die Schweine und andere Thiere gemästet werden. Als ein Zeichen, daß die Frucht verdorben oder alt ist, gilt es, wenn die weiße Warze, womit sie an dem Trauben hing, sich abgestoßen hat. Alexander's Soldaten erstickten an grünen Palmfrüchten. In Gedrosien†) geschah dieses durch die Beschaffenheit, anderwärts ereignet es sich durch die Menge der Frucht, denn sie hat, wenn sie frisch ist, eine solche Süßigkeit, daß man nicht eher aufhört zu essen, als bis Gefahr droht.

X (V). Außer diesem Baume hat Syrien noch mehrere andere ihm eigenthümliche, unter den Nußarten die bekannte Pistazie,††)

---

*) Tragemata (τραγήματα), Dessert, Dragée.
**) Vgl. B. V, Kap. 5.
***) Vgl. B. VI, Kap. 30, §. 1.
†) Vgl. B. VI, Kap. 25, §. 1.
††) **Pistacia = pistacia vera L.** Man nennt die Frucht auch

welche als Trank oder als Speise genossen gegen den Schlangenbiß nützen soll, unter den Feigen die carischen*) und die kleineren dieser Art, welche Cottanen**) heißen, ferner die Pflaumen, welche auf dem Berge Damascus***) wachsen, und die Brustpflaumen,†) welche beide bereits in Italien eingebürgert sind; aus den Brustpflaumen wird in Aegypten auch Wein gemacht.

XI. Die Phönicier besitzen auch die dem Wachholder ähnliche kleinere Ceder;††) die beiden Arten derselben, die lycische und phönicische, unterscheiden sich durch das Blatt; diejenige, bei welcher dieses hart, scharf und stachelig ist, heißt Oxyceder [scharfe Ceder] und hat viele Aeste und hinderliche Knorren, die andere†††) riecht besser. Sie tragen eine Frucht von der Größe der Myrthenbeere und von süßem Geschmack. Auch von der größeren Ceder*†) gibt es zwei Arten;

Pimpernuß; ihre Heilkraft gegen den Schlangenbiß ist nur eine eingebildete.

*) Carica (ficus carica L.), die gemeine Feige, welche so hieß, weil sie in getrocknetem Zustande hauptsächlich aus Carien (vgl. B. V, Kap. 29) kam.

**) Cottana (κόττανα); man leitet den Namen von dem hebräischen Worte katon (klein) her.

***) Bei Damascus (vgl. B. V, Kap. 16), über die Pflaume vgl. B. XV, Kap. 12.

†) Myxa = cordia myxa L., auch Klebepflaume und schwarze Brustbeere genannt.

††) Plinius mischt hier die Cedern und Wachholder unter einander. Die kleinere Ceder (cedrus minor) ist der Wachholder und man unterscheidet jetzt noch den phönicischen (juniperus phoenicea) und den spanischen (juniperus oxycedrus), welcher dem lycischen entspricht.

†††) Die phönicische nämlich.

*†) **Cedrus major = pinus cedrus L.**, die eigentliche Ceder.

die, welche blüht, trägt keine Frucht und die fruchttragende blüht nicht; bei ihr trifft die Frucht immer noch die vorhergehende; ihr Same ist dem der Cypresse ähnlich. Manche nennen sie Cedrelate [hohe Ceder]. Von ihr kommt ein sehr gepriesenes Harz, ihr Holz aber ist für die Ewigkeit, deßhalb hat man auch Götterbilder daraus gemacht. So ist der von Seleucia gebrachte sosianische Apollo *) in einem Tempel zu Rom von Cedernholz. In Arkadien findet sich ein der Ceder ähnlicher Baum; in Phrygien heißt er Fruter [Strauch]. **)

XII (VI). Syrien hat auch den Terpentinbaum. ***) Von diesen Bäumen trägt der männliche keine Frucht und von den weiblichen gibt es zwei Arten; die eine hat eine rothe Frucht von der Größe einer Linse, die andere eine blasse, welche mit dem Weine reift, nicht größer als eine Bohne, aber von süßerem Geschmack ist und sich harzig anfühlt. Am Ida †) in Troas ist dieser Baum niedrig und strauchartig, bei Damascus ††) in Syrien aber groß. Sein Holz ist äußerst zäh, bis zu einem hohen Alter ausdauernd und von schwarzem Glanze, seine Blüthe traubenartig, wie die der Olive, aber roth, und sein Laub dicht. Er trägt auch Bläschen, †††) aus denen gewisse Thiere, *†)

*) Vgl. B. XXXVI, Kap. 4, §. 16.

**) Soll hier nicht Etwas aus dem Texte ausgefallen seyn? Das Inhaltsverzeichniß läßt diese Vermuthung nicht ganz grundlos erscheinen.

***) Terebinthus = pistacea terebinthus L.

†) Vgl. B. V, Kap. 32, §. 2.

††) Vgl. ebend. Kap. 16.

†††) Sogenannte Gallen oder Galläpfel.

*†) Gallwespen (cynips).

wie Schnacken, kommen, und einen harzigen Schleim,*) der auch aus der Rinde hervordringt.

XIII. Auch der männliche Schmackbaum**) in Syrien trägt, während der weibliche unfruchtbar ist; sein Blatt ist etwas länger als das der Ulme und haarig, die Battstiele stehen einander immer gegenüber und die Aeste sind schmächtig und kurz. Man bereitet damit die weißen Felle. Der Same, welcher Schmack heißt, gleicht der Linse, röthet sich mit der Traube und ist zu den Arzneien nöthig.

XIV (VII). 1. Aegypten hat ebenfalls viele Baumarten, welche man anderwärts nicht antrifft, vor allen eine Feige, welche deßhalb die ägyptische heißt.***) Der Baum gleicht seinem Blatte, seiner Größe und seinem Aussehen nach dem Maulbeerbaume und trägt die Frucht nicht an den Aesten, sondern am Stamme selbst. Diese selbst ist eine äußerst süße Feige, ohne Kerne im Innern, und wächst in sehr großer Fülle, sie reift aber nicht anders, als wenn man sie mit eisernen Haken kratzt. Ist dieses geschehen, so kann man sie vier Tage nachher abnehmen und eine andere wächst sogleich nach. So versiebenfacht sich der Ertrag und in jedem Sommer ist der Milchsaft in großer Fülle vorhanden. 2. Die Frucht wächst, auch wenn man sie nicht kratzt, im Sommer viermal nach und stößt die frühere unreif ab. Das eigenthümlich beschaffene Holz des Baumes ist eines der nützlichsten. Wenn es gefällt ist, wird es sogleich in Sümpfe gelegt und dieß heißt

*) Den bekannten Terpentin.

**) Rhus = rhus coriaria L. Gerbersumach.

***) Ficus aegyptia = ficus sycomoms L. Die Bemerkung, daß die ägyptische Feige keine Kerne habe, ist falsch. Das Holz ist von wunderbarer Dauer und viele daraus verfertigten Mumiensärge sind jetzt noch vorhanden.

bei ihm trocknen; zuerst sinkt es auf den Boden und fängt dann an zu treiben, und ohne Zweifel saugt die fremde Flüssigkeit, welche jedes andere Holz durchnäßt, dieses aus. Sobald es zu schwimmen anfängt, zeigt es, daß es zum Verarbeiten reif ist.

XV. Ihr gleicht einigermaßen die sogenannte cyprische Feige*) auf Creta, denn auch sie trägt die Frucht am Stamme selbst und an den Aesten, wenn diese zur gehörigen Dicke herangewachsen sind. Sie treibt jedoch Sprossen ohne alle Blätter und gleicht der Wurzel nach der Pappel, dem Blatte nach der Ulme. Sie spendet viermal Früchte und sproßt eben so oft, ihr Obst wird aber nicht reif, wenn man nicht durch einen Einschnitt den Milchsaft abläßt. Sie hat die Süßigkeit und innere Beschaffenheit der Feige und die Größe des Speierlings.**)

XVI (VIII). Aehnlich ist der Baum, welchen die Jonier Ceronia***) nennen; er trägt ebenfalls am Stamme, aber eine Schotenfrucht. Manche haben ihn deßhalb die ägyptische Feige genannt, jedoch in Folge eines offenbaren Irrthums, denn er wächst nicht in Aegypten, sondern in Syrien und Jonien, so wie auch um Gnidus und auf Rhodus. Er hat ein stets dichtes Laub, eine weiße, starken Geruch verbreitende Blüthe und treibt an seinem untern Theile Schößlinge, weßhalb er auf der Oberfläche gelb wird, da der Nachwuchs ihm den Saft entzieht. Wenn man ihm die Frucht des vorher-

*) Wahrscheinlich eine nur wenig verschiedene Varietät der Sycomore, welche jetzt noch auf Creta wächst.

**) Vgl. B. XV, Kap 23.

***) Ceronia (Hörnchenbaum), Sodbrodbaum, Johannisbrodbaum (ceratonia siliqua L.).

gehenden Jahres gegen den Aufgang des Hundssterns*) abnimmt, so bringt er sogleich andere; dann blüht er wieder zur Zeit des Arcturus**) und nährt im Winter die Frucht.

XVII (IX). Aegypten hat auch einen Pfirsichbaum***) eigener Art, welcher dem Birnbaume gleicht und seine Blätter behält. Er trägt fortwährend und die Frucht wächst schon am andern Tage wieder nach; sie reift beim Wehen der Etesien.†) Die Frucht ist länger als eine Birne, wie die Mandel, in eine Schale und eine Haut eingeschlossen und von grasgrüner Farbe. Wo aber bei jener der Kern liegt, hat diese eine sich auch durch ihre Kürze und Weichheit unterscheidende Pflaume, welche, obgleich ihre äußerst angenehme Süßigkeit verlockt, doch unschädlich ist. Das Holz steht an Güte und Festigkeit, so wie auch an Schwärze dem Lotusholze nicht nach und man hat häufig Götterbilder daraus gemacht. Nicht dieselbe Anmuth, jedoch einen ebenso dauerhaften Stoff haben die aus dem Baume, welchen wir Balanus††) genannt haben; er ist größtentheils krumm und paßt deßhalb nur zu Schiffbauholz.

XVIII. Dagegen steht der Cucusbaum†††) in großem Ansehen; er gleicht der Palme, wie man denn auch seine Blätter zu

---

*) In der Mitte des Monats Juli. Der Hundsstern geht am 17. Juli auf. Vgl. B. II, Kap. 47.

**) In der ersten Hälfte des Septembers; vgl. B. XVIII, Kap. 74.

***) Von einem eigentlichen Pfirsichbaum ist hier, wie die Beschreibung zeigt, die Rede nicht und es ist wohl die Oelkirsche (balanites aegyptiaca) gemeint.

†) So heißen die während der Hundstage wehenden Nordostwinde; vgl. B. II, Kap. 47.

††) B XII, Kap. 47.

†††) Man hält ihn gewöhnlich wegen der Aehnlichkeit des Namens für die Cocospalme (cocos nucifera); nach genauer Erwägung

Flechtwerk benützt; er unterscheidet sich jedoch dadurch, daß er seine Aeste wie Arme ausbreitet; die Frucht ist so groß, daß sie die Hand ausfüllt, von gelblicher Farbe und empfiehlt sich durch einen herbsüßen Geschmack. Im Innern hat sie eine große Nußschale von so derber Härte, daß man Vorhangringe daraus drechselt, und darin einen Kern, welcher, so lange er frisch ist, süß schmeckt, einmal trocken aber so unendlich hart wird, daß man ihn nicht verzehren kann, wenn er nicht mehrere Tage eingeweicht wird. Das Holz hat einen zierlichen Maser und ist deßhalb bei den Persern äußerst beliebt.

XIX. 1. Nicht minder wird bei diesem Volke der Schotendorn*) geschätzt, doch nur der schwarze, weil er auch im Wasser unversehrt bleibt und deßhalb zu Schiffsrippen am tauglichsten ist; der weiße fault leicht. Sogar die Blätter haben Dornstacheln; der Same liegt in Schoten und man bedient sich desselben bei der Zubereitung der Häute statt des Gallapfels. Die Blume gefällt in Kränzen und wird zu Arzneien gebraucht. Es rinnt aus diesem Baume auch ein Gummi;**) seine hauptsächlichste Nützlichkeit besteht aber darin, daß er, wenn man ihn fällt, schon im dritten Jahre wieder aufwächst. Er findet sich nebst der Eiche, dem Pfirsichbaume und dem Oelbaume bei Theben,***) dreihundert Stadien [7½ Meilen] vom Nil, in einer waldigen, von ihren eigenen Quellen †) bewässerten Gegend.

---

erkennt man in ihm aber die Astpalme (cucifera thebaica), welche Aegypten eigenthümlich ist und bei den Arabern Doum heißt.

*) Spina, acacia (vgl. B. XXIV, Kap 67); der arabische Schotendorn (acacia arabica, arabische Gummischelfe).

**) Das bekannte arabische Gummi.

***) Vgl. B. V, Kap. 11, §. 1.

†) D. h. diese Gegend braucht nicht durch die Ueberschwemmung des Nils bewässert zu werden.

(X.) 2. Daselbst wächst auch der ägyptische Pflaumenbaum,*) welcher dem eben genannten Schotendorne nicht unähnlich ist, eine Mispelfrucht, welche im Winter reift, trägt und auch die Blätter nicht verliert. Der Stein in der Frucht ist groß, das Fleisch selbst aber ersetzt durch seine Beschaffenheit und Menge den Bewohnern andere Erndten, denn sie reinigen und stoßen es und bewahren es in Klösen auf. Auch um Memphis **) ist eine Waldgegend mit so ungeheuern Bäumen,***) daß drei Leute einen nicht umspannen können; einer davon ist eine ganz besondere Merkwürdigkeit, †) nicht seiner Frucht oder irgend eines Nutzens, sondern einer andern Erscheinung wegen, denn er gleicht dem Schotendorne und hat Blätter, wie Federn, welche, wenn ein Mensch nur die Aeste berührt, abfallen und dann wieder nachwachsen. ††)

XX (XI). Das beste Gummi kommt, wie man annimmt, von dem ägyptischen Schotendorne, ist wurmförmig genarbt, von graulicher Farbe, rein, ohne Rinde und hängt sich an die Zähne; der Preis eines Pfundes beträgt drei Denare. Geringeres liefern die Bittermandelbäume und der Kirschbaum, das schlechteste die Pflaumenbäume. Es

---

*) Man ist nicht einig in der Bestimmung dieses Baumes; manche halten ihn für eine Obstrulle (cordia), andere mit größerer Wahrscheinlichkeit für eine Beerenzwetsche (chrysobalanus).

**) Vgl. B. V, Kap. 9. §. 5.

***) Wahrscheinlich der Affenbrodbaum (adansonia digitata), Baobab.

†) Jedenfalls eine Sinnschelfe (Mimose), wahrscheinlich mimosa polyacantha.

††) Plinius hat hier seinen Vorgänger Theophrast (Hist. plant. IV, 3) nicht recht verstanden, denn dieser sagt nur, daß die Blätter bei der Berührung zusammenfallen, sich aber nachher wieder entfalten.

fließt auch solches aus den Reben, *) welches bei den Geschwüren der Kinder, und zuweilen auch aus dem Oelbaume, welches bei dem Zahnschmerze am besten angewendet wird, ferner auch auf dem Berge Corycus **) in Cilicien aus der Ulme und aus dem Wachholder, welches zu nichts taugt; aus dem Gummi der Ulme entstehen dort aber auch Schnacken. Auch aus der Leimwippe ***) (so heißt nämlich ein Baum) wird ein für die Maler und Aerzte sehr brauchbares Gummi gewonnen, welches dem Weihrauchstaube gleicht, weßhalb das weiße besser ist als das rothe. Der Preis desselben ist der oben angegebene.

XXI. 1. Wir sind zwar noch nicht zu den Sumpfgewächsen und den Stauden der Flüsse gelangt, ehe wir jedoch uns von Aegypten entfernen, wollen wir die Beschaffenheit der Papierstaude schildern, da auf dem Gebrauche des Papiers hauptsächlich Bildung und Geschichte beruhen. M. Varro sagt, daß auch das Papier durch die Siege des großen Alexanders, nach der Erbauung Alexandriens in Aegypten, †) erfunden worden und vorher nicht im Gebrauche gewesen sey, daß man zuerst auf Palmblätter und dann auf den Bast mancher Bäume geschrieben und später angefangen habe, öffentliche Urkunden auf Bleiplatten und dann auch Privatschriften auf Leinwand und Wachstafeln zu bringen. 2. Daß indessen die Schreibtafeln schon vor den trojanischen Zeiten im Gebrauche waren, finden wir bei Homer. ††) Als

---

*) Man sieht, daß Plinius die Benennung Gummi auch für andere Pflanzenausschwitzungen braucht, die eigentlich kein Gummi sind.

**) Vgl. B. IV, Kap. 20. §. 4.

***) Sarcocolla = penaca sarcocolla L. Das Gummi ist unter dem Namen Fischleim bekannt; vgl. B. XXIV, Kap. 88.

†) Alexandrien wurde im J. 335 vor Chr. erbaut; der Gebrauch des Papiers ist jedoch älter; vgl. Kap. 27.

††) Il. VI, 169.

aber dieser schrieb, war noch nicht einmal das Land, welches jetzt Aegypten heißt und wo allein in dem sebennytischen Nomos *) Papier wächst, vorhanden, sondern wurde erst später durch den Nil angeschwemmt, denn er erzählt,**) daß man von der Insel Pharus,***) welche jetzt mit Alexandrien durch eine Brücke verbunden ist, bis zu dem Lande auf einem Schiffe unter Segel eine Nacht und einen Tag gefahren sey. Derselbe Varro berichtet, daß darauf durch die Eifersucht der Könige Ptolemäus und Eumenes †) in Betreff ihrer Bibliotheken und als Ptolemäus das Papier zurückhielt, die Häute von Pergamus ††) erfunden worden seyen. Später stand der Gebrauch einer Sache, worauf die Unsterblichkeit der Menschen beruht, Jedem ohne Unterschied frei.

XXII. 1. Die Papierstaude †††) wächst also in den Marschen Aegyptens oder in den stehenden Gewässern des Nils, wo diese nach ihrem Austritte versumpfen und die Tiefe der Tümpel nicht über zwei Ellen beträgt, hat eine querliegende Wurzel von der Dicke eines Arms und dreieckige Stengelseiten, erhebt sich nicht über zehn Ellen zu einer schlanken Spitze und schließt thyrsusartig *†) einen Knopf ein, der

---

*) Vgl. B. V, Kap. 9, §. 3.

**) Odyss. IV, 354—357.

***) Vgl. B. II, Kap. 87, §. 1. B. V, Kap. 34, §. 1.

†) Ptolemäus II., Philadelphus in Aegypten (285—246) und Eumenes I. in Pergamus (263—241 vor Chr.).

††) Das Pergament. Es wurde zu Pergamus (vgl. B. V, Kap. 33, §. 1) auf eine eigenthümliche Weise zubereitet; auf Thierhäute schrieb man schon in weit älterer Zeit. Herodot V, 55. Josephus ant. jud. XII. 2.

†††) Papyrum = cyperus papyrus.

*†) Die Vergleichung mit dem Bacchantenstabe (Thyrsus), der oben eine Blätterquaste hatte, ist treffend.

aber keinen Samen*) und auch sonst keinen Nutzen hat, als daß die Blüthe zur Bekränzung der Götter dient. Die Einwohner bedienen sich der Wurzeln statt des Holzes und zwar nicht nur zum Feuern, sondern auch zu mancherlei Gefäßen in der Haushaltung. 2. Aus der Papierstaude selbst aber flechten sie Schiffe**) und aus dem Baste Segel und Matten, so wie auch Kleider, Decken und Stricke; sie kauen sie auch roh und gekocht, verschlucken jedoch nur den Saft. Sie wächst auch in Syrien um den See, wo man das schon erwähnte wohlriechende***) Rohr findet. Auch bediente sich der König Antigonus†) bei dem Seewesen keiner andern Taue als aus ihr, da das Pfriemengras††) noch nicht verbreitet war. Man hat kürzlich erfahren, daß auch die bei Babylon im Euphrat wachsende Papierstaude zu Papier zu gebrauchen sey und doch wollen die Parther immer noch lieber ihre Buchstaben in Zeuge einweben.

XXIII (XII). 1. Man bereitet aus der Staude das Papier, indem man sie mit einer Nadel in äußerst dünne, aber möglichst breite Basthäutchen trennt; den Vorzug haben die aus der Mitte und dann kommen die andern nach der Reihenfolge der Ablösung. Hieratisches Papier [Priesterpapier] hieß vor Alters das ausschließend zu religiösen

---

*) Die Papyrusstaude hat allerdings Samen.

**) Noch jetzt flicht man in Habesch daraus die bewunderten Strohboote, durch welche kein Wasser dringt.

***) B. XII, Kap. 48.

†) Einer der Feldherren Alexander's, welche nach dessen Tod das Reich theilten; ihm fielen die Provinzen Großphrygien, Pamphylien und Lycien zu; er verlor aber nach einer unruhigen Regierung im J. 301 vor Chr. in der Schlacht bei Issus in Phrygien Reich und Leben.

††) Spartum; vgl. B. XIX, Kap. 7.

Büchern bestimmte, welches aber durch eine Waschung den Namen des Augustus erhielt, so wie das zweitbeste nach Livia, seiner Gemahlin, benannt wurde,*) wodurch das hieratische zum dritten Range herabsank. Der nächste wurde dem amphitheatralischen, welches diesen Namen von dem Orte seiner Verfertigung führte,**) eingeräumt. Dieses verdrängte die kunstreiche Werkstätte des Fannius ***) zu Rom und machte es dadurch, daß sie es durch eine sorgfältige Umgestaltung verdünnte, aus dem gemeinsten zu dem vorzüglichsten; auch legte sie ihm ihren Namen †) bei; das nicht auf diese Weise umgearbeitete amphitheatralische behielt den seinigen. Auf dieses folgt das Saitische, welches von der Stadt, ††) wo das meiste verfertigt wird, so heißt und aus den schlechteren Stückchen besteht; der Rinde noch näher kommt das Tanitische, †††) welches nach einem benachbarten Orte so genannt und schon nach dem Gewicht und nicht nach der Güte verkauft wird, denn das emporeutische [Kaufmannspapier] taugt gar nicht zum Beschreiben, sondern dient zu Umschlägen für andere Papiere und zu Packhüllen für Waaren; daher hat es auch von den Kaufleuten seinen Namen. Nach diesem kommt die äußerste Rinde der

---

*) Die erste Sorte hieß also Augustuspapier, die zweite Liviapapier.

**) Weil sich die Fabrik wahrscheinlich in oder bei einem Amphitheater zu Alexandrien befand.

***) Q. Rhemnius Fannius Palämon, ein römischer Grammatiker welcher unter Tiberius und Claudius lebte.

†) Es hieß das fannianische.

††) Sais; vgl. B. V, Kap. 9, §. 3.

†††) Ich lese Tanitica (vgl. Isidor Orig. VI. 10) von Tanis (jetzt Senn) in Unterägypten (vgl. B. V, Kap. 11, §. 5), wovon auch eine Nilmündung den Namen hatte.

Papierstaude, welche der Binse gleicht und nur zu Tauen, welche im Wasser liegen,*) brauchbar ist. 3. Alle Papiere werden auf einem mit Nilwasser benetzten Brete gewebt und die trübe Flüssigkeit vertritt dabei die Stelle des Kleisters. Zuerst klebt man die Streifen der Papierstaude, so lange sie seyn können, auf die geneigt liegende Tafel, schneidet auf beiden Seiten die Schnitzchen ab und quergezogene Streifen vollenden dann das Geflechte. Darauf kommt es unter die Presse und die Bogen werden an der Sonne getrocknet und miteinander verbunden, so daß die zunächst kommenden immer an Güte abnehmen bis zu den schlechtesten; nie sind in einer Rolle mehr als zwanzig.**)

XXIV. 1. In ihrer Breite ist ein großer Unterschied; bei den besten***) beträgt sie dreizehn Finger, bei dem hieratischen zwei weniger; der Fannianische mißt zehn und der amphitheatralische einen weniger, noch weniger der Saitische, welcher nicht einmal für den Hammer†) ausreicht, und das schmale emporeutische mißt sogar nicht über sechs Finger. Außerdem wird bei den Papieren auf Dünne, Dichte, Weiße und Glätte gesehen. 2. Der Kaiser Claudius nahm eine Aenderung mit dem ersten Range vor,††) denn die allzugroße

---

*) Weil sie auf dem Trocknen zu spröde werden und zerbrechen.

**) Das Papier wurde bei den Alten nicht, wie bei uns, in Büchern zusammengelegt, sondern auf einen Stab gerollt. Die äußeren Bogen waren die besten, die letzten die schlechtesten und man hatte also auf einer Rolle verschiedene Sorten beisammen.

***) Bei den Bogen des Augustus- und Liviapapieres.

†) Womit das Papier geschlagen und geglättet wird, vgl. Kap. 26.

††) Indem er dem nach ihm benannten Claudiuspapier denselben einräumte.

Dünne des Augustuspapieres vermochte das Schreibrohr nicht auszuhalten; dabei mußte man, da es die Buchstaben durchgehen ließ, von denen auf der Rückseite Schmutz befürchten und überdieß hatte es wegen seiner allzugroßen Durchsichtigkeit ein unzierliches Aussehen. Der Aufzug wurde deßhalb aus dem zweiten Häutchen und der Einschlag aus dem ersten gemacht.*) Auch gab er bei der Breite zu. Das Maß**) betrug einen Fuß und bei den Großpapieren eine Elle; die Erfahrung zeigte aber den Nachtheil davon, da durch das Losreißen eines einzigen Streifens mehrere Seiten beschädigt wurden.***) Das Claudiuspapier wurde deßhalb allen übrigen vorgezogen und nur für Briefe behielt das Augustuspapier sein Ansehen; auch dem Liviapapier, zu welchem nicht das erste Häutchen, sondern nur das zweite genommen wurde, blieb das seinige.

XXV. Das Rauhe wird mit einem Zahne oder einer Muschel abgeglättet, aber die Buchstaben halten dann nicht, da das Papier durch das Glätten weniger einsaugt und nur mehr glänzt. Oft widerstrebt auch die Anfangs ohne Sorgfalt beigegebene Flüssigkeit; †) man entdeckt sie durch den Hammer, ††) oder auch durch den Geruch, †††) wenn sie zu nachläßig behandelt worden ist; auch die Rostflecken *†)

*) Während das Augustuspapier ganz aus dem ersten und feinsten Basthäutchen bestand.

**) Aller Papiere in ihrer gewöhnlichen Größe.

***) Auf einem Blatte des großen Papiers wurden mehrere Seiten oder vielmehr Colonnen nebeneinander geschrieben, ein sich ablösender Streifen mußte also die Schrift aller Colonnen beschädigen.

†) Welche als Kleister dient, Kap. 23, §. 3.

††) Welcher die Feuchtigkeit herausschlägt.

†††) Weil der Stoff durch die Nässe modert.

*†) Lentigo, linsenartige Flecken.

entdeckt man durch den Augenschein, die mitten zwischen dem Geleimten gebliebenen Stellen aber, wo die schwammige Papiermasse noch einsaugt, kaum anders, als wenn der Buchstabe zerfließt. So viel Betrug ist hierin; man hat deßhalb auch die Mühe, solches Papier nochmals zu bearbeiten.

XXVI. Man bereitet gewöhnlichen Kleister aus Vorschußmehl mit siedendem Wasser, wozu man ein wenig Essig gießt, denn der Tischlerleim und das Gummi sind zu spröde; will man noch sorgfältiger verfahren, so seiht man die Krume von eingesäuertem Brode mit siedendem Wasser durch; auf diese Weise trägt der Kleister am wenigsten auf und übertrifft noch an Zartheit das Nilwasser. Jeder Kleister darf aber nicht älter als einen Tag und auch nicht frischer seyn. Darauf wird das Papier mit dem Hammer dünn geschlagen, nochmals mit Kleister überstrichen und da es sich zusammenzieht, wieder entrunzelt und durch den Hammer ausgedehnt. So sind die vor langer Zeit verfaßten Schriftdenkmale von der Hand des Tiberius und Cajus Gracchus*) beschaffen, welche ich nach fast zweihundert Jahren bei Pomponius Secundus,**) dem hochberühmten Dichter und Bürger, sah; jetzt aber sehen wir solche von Cicero, dem göttlichen Augustus und Virgilius häufig.

XXVII (XIII). 1. Gegen Varro's Meinung vom Papier***) finden sich erhebliche Thatsachen. So berichtet Cassius Hemina, ein

---

*) Diese beiden Volksmänner waren bekanntlich in der zweiten Hälfte des zweiten Jahrhunderts vor Chr. thätig.

**) Vgl. B. VII, Kap. 18, §. 3 und die Einleitung S. 15 und 33.

***) Daß es nämlich zur Zeit Alexander's des Großen erfunden worden sey; vgl. Kap. 21, §. 1.

sehr alter Verfasser von Annalen, im vierten Buche derselben, daß der Schreiber Cn. Terentius, als er seinen Acker auf dem Janiculus*) umgrub, auf eine Kiste gestoßen sey, worin Numa, der einst über Rom herrschte,**) begraben lag; darin habe man auch unter dem Consulate des P. Cornelius Cethegus, des Sohnes des Lucius, und des M. Bäbius Pamphilus, des Sohnes des Quintus [im J. 181 vor Chr.], bis zu welchen man von der Regierung Numa's fünfhundert und fünfunddreißig Jahre zählt, dessen Bücher gefunden und diese seyen von Papier gewesen; man muß sich gewiß um so mehr wundern, daß sie so viele Jahre unter der Erde ausdauerten, und ich will deßhalb bei einer so wichtigen Sache die Worte des Hemina selbst hierhersetzen. 2. „Manche wunderten sich, wie diese Bücher sich erhalten konnten; jener***) gab als Grund an, daß sich ungefähr in der Mitte der Kiste ein auf allen Seiten mit Wachskerzen†) umwundener viereckiger Stein befunden habe und die Bücher oben auf diesem Steine gelegen hätten, weßhalb sie, wie er glaube, nicht vermodert seyen; auch seyen die Bücher auf Holz vom Lebensbaume††) gerollt gewesen und nach seiner Meinung deßhalb von den Motten nicht angegriffen worden. Diese Bücher enthielten Schriften über die pythagoräische Philosophie und sie sollen von dem Prätor Q. Petilius grade deßhalb verbrannt worden seyn, weil es philosophische Schriften waren.“ †††) Dasselbe erzählt der

---

*) Einem der sieben Hügel Roms; vgl. III, Kap. 9, §. 16.

**) Er soll vom Jahre 714 672 vor Chr. regiert haben.

***) Der Schreiber Cn. Terentius nämlich.

†) Vgl. B. XVI, Kap. 70.

††) Welches nach der Ansicht der Alten dem Verderben am wenigsten ausgesetzt war.

†††) Und mithin der Religion gefährlich. Numa war nach der Sage ein Zuhörer des Pythagoras, welcher aber über hundert Jahre

ehemalige Censor L. Piso im ersten Buche seiner Denkwürdigkeiten, nach ihm waren es aber sieben Bücher über das Priesterrecht und ebensoviele über die pythagoräische Philosophie, nach Tuditanus im dreizehnten Buche, die Verordnungen Numa's, nach Varro selbst im sechsten Buche der menschlichen Alterthümer und nach Antias im zweiten Buche zwei lateinische Bücher über den Priesterstand und ebensoviele griechische, welche philosophische Lehren enthielten; der letztere gibt im dritten Buche auch an, weßhalb man sie zu verbrennen beliebte. 3. Alle stimmen indessen darin überein, daß eine Sibylle drei Bücher zu Tarquinius Superbus gebracht habe, von denen zwei von ihr selbst dem Feuer überliefert worden seyen, das dritte aber zu den Zeiten Sulla's mit dem Capitolium verbrannt sey.*) Außerdem erzählt Mutianus, welcher dreimal das Consulat bekleidete, er habe kürzlich, als er Statthalter in Lycien war, in irgend einem Tempel einen von Troja aus auf Papier geschriebenen Brief des Sarpedon**) gelesen, worüber ich mich um so mehr wundere, da doch, als Homer dichtete, Aegypten noch nicht vorhanden war, oder warum läßt dieser, wenn man sich bereits des Papiers bediente, selbst in jenem Lycien dem Bellerophon Täfelchen***) und nicht Briefe überreichen? — Auch bei

---

nach ihm lebte. Vgl. Livius XL. 29. Daß Alles, was hier von den Schriften des Numa Pompilius gesagt wird, der historischen Grundlage ermangelt, braucht kaum bemerkt zu werden.

*) Vgl Dionysius von Halikarnaß Antiq. rom. IV, 62. A. Gellius N. A. I, 19. Das Capitolium wurde im J. 83 vor Chr. eingeäschert.

**) Des Beherrschers von Lycien und Bundesgenossen der Trojaner.

***) Vgl. oben Kap. 21, §. 2.

diesem Erzeugnisse tritt Mißwachs ein und unter der Regierung des Tiberius ereignete sich aus Mangel an Papier der Fall, daß aus dem Senate Schiedsrichter zur Vertheilung desselben ernannt wurden, weil sonst der Verkehr in Unordnung gerathen wäre.

XXVIII (XIV). Aethiopien, welches an Aegypten grenzt, hat sonst fast keine ausgezeichneten Bäume, als wolletragende, von deren Beschaffenheit schon bei der Beschreibung Indiens und Arabiens gesprochen worden ist,*) doch kommt ihre Wolle der eigentlichen**) noch näher und die Kapsel ist größer und wie ein Granatapfel, auch sind die Bäume selbst alle einander gleich. Außer diesem Baume finden sich hier noch Palmen, wie wir sie bereits***) geschildert haben. Von den Bäumen und wohlriechenden Wäldern auf den um Aethiopien liegenden Inseln wurde bei der Erwähnung derselben †) gesprochen.

XXIX (XV). Auf dem Berge Atlas gibt es, wie man erzählt, einen ganzen Wald eigenthümlicher Bäume, dessen wir schon gedacht haben. ††) Daran grenzen die Mauren, †††) bei denen der Lebensbaum *†) sehr häufig ist, welcher die unsinnige Verschwendung an Tischen veranlaßt hat, die den Weibern dienen, um den Männern die Vorwürfe über die Perlen zurückzugeben. Noch jetzt ist der Tisch des M. Cicero vorhanden, welcher bei solcher Armuth und, worüber man sich noch mehr wundern muß, in solcher Zeit für zehnmalhunderttausend Sesterzien [95,433 Gulden] gekauft wurde; auch einer des Gallus

---

*) B. XII, Kap. 21 und 22.
**) Der Schaafwolle nämlich.
***) Weiter oben Kap. 9.
†) B. VI, Kap. 36 und 37.
††) B. V, Kap. 1, §. 16.
†††) Vgl. ebend. §. 17.
*†) Citrus = thuya articulata.

Asinius*) für eilfmalhunderttausend Sesterzien [104,976 Gulden] wird erwähnt. Ferner wurden zwei mit dem Nachlasse des Königs Juba öffentlich zum Verkaufe ausgeboten, von denen der eine zwölfmalhunderttausend Sesterzien [114,519 Gulden], der andere etwas weniger kostete. Kürzlich ging einer durch Brand zu Grund, welcher von den Cethegen**) herkam und für vierzehnmalhunderttausend Sesterzien [133,605 Gulden] erworben worden, mithin einem großen Landgute gleich, zu schätzen war, wenn Jemand Güter so theuer zu kaufen vorzöge. 2. Der größte Tisch dieser Art war bis jetzt jener, den der König Ptolemäus***) von Mauritanien aus zwei Halbkreisen zusammensetzen ließ und welcher im Durchmesser vier und einen halben Fuß und eine Dicke von einem Viertelfuß hatte; durch die Kunst, womit an ihm die Fuge unsichtbar gemacht war, erregte er jedoch noch größere Bewunderung, als wenn er von Natur so gewesen wäre. Als der größte aus einem Stücke galt der, welcher von Nomius, einem Freigelassenen des Kaisers Tiberius, seinen Namen führte und drei Viertelzoll weniger als vier Fuß breit und ebensoviel weniger als einen halben Fuß dick war, wobei ich nicht übergehen zu dürfen glaube, daß ein ähnlicher Tisch des Staatsoberhauptes Tiberius, welcher in der Breite nur zwei und einen Viertelzoll mehr als vier Fuß maß und dessen ganze Dicke anderthalb Zoll betrug, nur mit einem Deckblättchen belegt war, während sein Freigelassener Nomius einen so gedie-

*) Ein Sohn des berühmten Redners und Schriftstellers Asinius Pollio, welcher sich ebenfalls als Dichter und Rhetoriker Ruhm erwarb.

**) Die Cethegen waren ein angesehener Zweig des Cornelischen Geschlechts.

***) Juba's Sohn und letzter König von Mauritanien; Caligula ließ ihn ermorden (41 nach Chr.).

genen besaß.*) 3. Dieses Deckblättchen ist ein Knorren an der Wurzel und wird am meisten geschätzt, wenn es völlig unter der Erde war; auch ist ein solches seltener als die, welche oberhalb derselben und auch an den Aesten wachsen; was man so theuer kauft, ist also eigentlich ein Fehler der Bäume, deren Umfang und Wurzeln man übrigens nach der Rundung der Tische beurtheilen kann. Sie gleichen aber, was Blatt, Geruch und Stamm betrifft der weiblichen Cypresse im wilden Zustande. Ein Berg im diesseitigen Mauritanien, welcher Ancorarius**) heißt, lieferte den gepriesensten Lebensbaum, er ist aber bereits entholzt.

XXX. 1. Den meisten Werth haben die Tische, deren Maser in Adern oder in kleinen Wirbeln besteht; das erstere ist der Fall, wenn er länglich läuft, und dieß heißt deßhalb getigert, das andere, wenn er sich windet, und solche Tische nennt man deßhalb gepanthert.***) Es gibt auch wellenförmig gemaserte und sie finden um so größeren Beifall, wenn sie die Augen des Pfauenschwanzes nachahmen. Großen Beifall haben aber auch nach diesen, außer den bereits erwähnten, diejenigen, deren Maser gleichsam aus einem dichten Körnerhaufen besteht und welche man deßhalb wegen der Aehnlichkeit Eppichtische†) nennt. Die Hauptsache ist bei allen die Farbe und

---

*) Man würde jetzt sagen, der Tisch des Kaisers war fournirt, der des Freigelassenen aber massiv.

**) Südlich von der Stadt Tenez und dem Flusse Schellif; vgl. Ammianus Marcellinus XIX, 5.

***) Der Tiger ist gestreift, der Panther gefleckt.

†) Apiatae, von apium (Eppich), wegen der Aehnlichkeit des Masers mit den krausen Blättern und dem Samen dieser Pflanze, besonders des apium petroselinum (Petersilie). Andere leiten

am meisten gefällt an ihnen die aus ihren Adern hervorschimmernde Methfarbe. Nach diesen Vorzügen kommt der Umfang; jetzt gefallen ganze Stämme und auch mehrere an einem Tische. 2. Fehler daran sind: das Holz; so nennt man die taube Masse und die unbestimmt oder wie Platanusblätter gestaltete einfache Zeichnung, *) ferner die Aehnlichkeit mit den Adern oder der Farbe der Eiche und Ritze oder ritzähnliche Haarfasern, welche sie hauptsächlich durch Hitze und Wind bekommen, sodann ein schwarzer wie eine Muräne durchlaufender Streif, und eine mit bunten, rindeartigen Punkten, wie mit Mohn, bedeckte und im Ganzen dem Schwarzen sich nähernde Farbe oder ungleichfarbige Flecken. 3. Die Eingeborenen vergraben die frischen Stämme in die Erde und bestreichen sie mit Wachs, die Künstler aber legen sie abwechselnd sieben Tage auf Getreidehaufen und setzen dann ebensoviele wieder aus und es ist wunderbar, wie sehr sie auf diese Weise an Schwere verlieren. Schiffbrüche haben kürzlich gezeigt, daß auch dieses Holz im Meere austrockne und sich zu einer unverwüstlichen Härte so verdichte, wie es auf keine Art besser geschehen kann.**) Sie erhalten sich am besten und bewahren ihren Glanz, wenn man sie mit trockner Hand, besonders nach dem Bade, abreibt; auch werden sie nicht von den Weinen angegriffen, da sie gleichsam dafür geschaffen sind.***) Ueberhaupt gehört dieser Baum zu den wenigen Geräthen

---

das Wort von apis (Biene) ab, wonach also der Maser, wie ein Bienenschwarm ausgesehen hätte.

*) Also Stellen, wo der Maser ganz fehlt oder keine bestimmte Gestalt hat.

**) Daß das Holz auf Getreidehaufen leichter und im Seewasser hart werde, sind irrige Behauptungen.

***) Weil man den Gästen darauf den Wein vorstellt.

eines glänzenderen Lebens, weßhalb wir auch noch ein wenig bei ihm verweilen zu müssen glauben.

(XVI). 4. Er war sogar dem Homer bekannt und heißt im Griechischen Thyon, bei andern Thya.*) Dieser also erzählt,**) daß Circe, die er für eine Göttin gehalten wissen wollte, Behagen daran fand, ihn unter dem Räucherwerk zu verbrennen, und diejenigen sind in einem großen Irrthume befangen, welche unter diesem Worte Wohlgerüche überhaupt verstehen, besonders da er in demselben Verse zugleich die Ceder und den Lerchenbaum nennt, woraus hervorgeht, daß er nur von Bäumen spricht. 5. Theophrastus, welcher zuerst seit der Zeit des großen Alexanders die Begebenheiten, welche um das vierhundertundvierzigste Jahr der Stadt Rom [314 vor Chr.] vorfielen, niederschrieb,***) zollt schon diesem Baume eine große Achtung, indem er sagt,†) daß Nachrichten zufolge aus ihm das Gebälke der alten Tempel bestand und seinem Holze, welches an den Gebäuden allem Verderben widerstehe, eine gewisse Unsterblichkeit beiwohne, daß man nirgends solchen Maser finde, wie an seiner Wurzel und kein anderer zu so kostbaren Werken diene und daß der Baum am vorzüglichsten in der Umgegend des Hammonstempels††) gedeihe, daß er aber auch in

*) Diesen Namen führt er auch jetzt in der Pflanzenkunde.

**) Odyss. V, 60. Plinius verwechselt die Kalypso, von welcher bei Homer die Rede ist, mit der Circe, auch scheint er eine andere Lesart der betreffenden Stelle vor sich gehabt zu haben. Vielleicht hat auch eine Stelle von Virgils Aen. VII, 10, 13 zu dieser Verwechslung Anlaß gegeben.

***) D. h. welcher zuerst die Geschichte der Römer zum Gegenstande seiner Darstellung machte.

†) Hist. plant. V, 5.

††) Vgl. B. V, Kap. 5, §. 1.

dem unteren Theile von Cyrenaica*) wachse. Von den Tischen schweigt er indessen, auch wird vor dem ciceronianischen kein älterer erwähnt und dieser erscheint als etwas Neues.

XXXI. Es gibt noch einen andern Baum mit demselben Namen,**) welcher einen von Manchen seines Geruchs und seiner Bitterkeit wegen verabscheuten, von Andern gesuchten Apfel trägt; er dient auch zum Schmucke der Häuser und weiter ist von ihm nichts zu sagen.

XXXII (XVII). 1. Dasselbe Afrika bringt in dem nach uns hin liegenden Theile den berühmten Lotusbaum***) hervor, welcher auch Celtis heißt und selbst in Italien häufig ist, aber sich durch den Boden verändert hat. Am vorzüglichsten gedeiht er um die Syrten†) und bei den Nasamonen.††) Er hat die Größe des Birnbaums, obgleich ihn Cornelius Nepos klein nennt; die Einschnitte an dem Blatte sind zahlreich und sehen aus, wie an dem der Eiche; es gibt mehrere Verschiedenheiten, welche sich hauptsächlich an der Frucht zeigen; diese hat die Größe der Bohne und die Farbe des Safrans, welche aber vor der Zeitigung wechselt, wie an den Trauben. 2. Sie wächst an den Aesten dicht beisammen, wie die Myrthenbeere, und nicht, wie es

---

*) Vgl. B. V, Kap. 4, §. 3. Kap. 5, §. 8.

**) Citrus, malum citreum, der Citronenbaum (citrus medica); vgl. B. XII, Kap. 7, §. 1.

***) Plinius verwechselt hier wieder zwei verschiedene Bäume, den Lotus (rhamnus lotus L., die afrikanische Kirschenelse) mit dem Zürgelbaum (celtis australis L.).

†) Vgl. B. V, Kap. 4, §. 3.

††) Vgl. ebend. Kap. 5, §. 3.

in Italien*) der Fall ist, wie die Kirsche, und dort**) gewährt sie eine so süße Speise, daß sie dem Volke und dem Lande den Namen gab***) und dem Fremdlinge so einladend erscheint, daß er sein Vaterland vergißt. †) Wer sie ißt, soll nie ein Magenübel verspüren. Besser ist die ohne Kern im Innern, welcher bei der andern Art einem Knochen gleicht. Man preßt auch einen methartigen Wein aus ihr, der sich aber nicht über zehn Tage hält, wie derselbe Nepos sagt, nach welchem man auch die Beeren, mit Spelzgraupen gestampft, zur Nahrung in Tonnen aufbewahrt. Ja, es wird uns gesagt, daß sogar Kriegsheere auf ihren Hinundherzügen durch Afrika sich davon nährten. ††) Das Holz hat eine schwarze Farbe und wird zu Flöten gesucht; aus der Wurzel arbeitet man Messerstiele und andere kleine Geräthe. 3. So ist dieser Baum dort beschaffen. Unter demselben Namen gibt es aber auch ein Kraut†††) und in Aegypten einen zu den Sumpfpflanzen gehörenden Stengel.*†) Wenn nämlich die be=

---

*) An dem Zürgelbaum (celtis), welchen Plinius fälschlich für den Lotus hält.

**) In Afrika nämlich.

***) Ueber das Land der Lotophagen (Lotusesser), vgl. B. V, Kap. 4, §. 3.

†) Anspielung auf Homer Odyss. IX, 95 ff.

††) Theophrast Hist. Plant. IV, 3. Es ist von dem Kriegszuge des Ophellas, Beherrschers von Cyrene, welcher dem Agathokles, Tyrannen von Syrakus, Hülfstruppen gegen die Karthager zuführte, die Rede. W. Böttiger, Geschichte der Karthager (Berlin 1827, 8), S. 158 f.

†††) Melilotus officinalis L., Steinklee.

*†) Nymphaea nelumbo L., Nußmummel. Diese Pflanze findet sich jetzt nicht mehr in Aegypten, daß sie aber in Fülle vorhanden war, zeigt ihre Abbildung auf zahlreichen ägyptischen Denkmälern.

fruchtenden Gewässer des Nils zurücktreten, kommt er hervor wie ein Bohnenstengel und mit einer ebenso dichten Menge eng gedrängter, aber kürzerer und schlankerer Blätter, hat an dem Kopfe eine durch ihre Einschnitte und auch sonst durch ihr ganzes Aussehen dem Mohne ähnliche Frucht und darin Körner, wie Hirse. Die Einwohner lassen die Köpfe auf Haufen faulen, dann sondern sie durch Waschen die Körner ab, stoßen sie, wenn sie trocken sind, und bereiten Brod daraus. Wunderbar ist, was man noch außerdem erzählt; *) beim Untergange der Sonne sollen sich nämlich diese Mohnköpfe schließen und in die Blätter hüllen, bei Sonnenaufgang aber sich öffnen, bis sie reifen und die Blüthe, welche weiß ist, abfällt.

(XVIII). 4. Dieß soll im Euphrat **) noch weiter gehen und der Kopf selbst sammt der Blüthe des Abends untertauchen bis zur Mitternacht und sich so ganz in die Tiefe senken, daß man ihn, auch wenn man mit der Hand herabreicht, nicht finden kann, dann sich wenden, allmählig aufrichten und bei Sonnenaufgang aus dem Wasser hervortauchen, die Blüthe öffnen und sich dann so weit erheben, daß er gänzlich über das Wasser hoch hervorragt. Die Wurzel dieses Lotos hat die Größe eines Quittenapfels und ist mit einer schwarzen Schale, wie die Kastanie, bedeckt; der weiße Körper innerhalb derselben ist eine angenehme Speise, noch angenehmer aber als roh, wenn man ihn in kochendem Wasser oder auf Kohlen gar macht. Nichts Anderes dient besser zum Mästen der Schweine, als die Abfälle.

---

*) Der Einfluß der Sonne auf die Pflanzen und besonders auf die Enthüllung der Blüthen und die Entfaltung der Blätter ist jetzt bekannt genug.

**) Die Nußmummel, welche hier gemeint ist, wächst jetzt noch im Euphrat.

XXXIII (XIX). Das cyrenäische Gebiet*) zieht dem Lotus noch seinen Paliurus**) vor; dieser ist mehr strauchartig und hat eine röthere Frucht, deren Kern man nicht mitißt, der aber für sich lieblich und noch süßer im Weine schmeckt, so wie er auch diesen durch seinen Saft angenehm macht. Das innere Afrika bis zu den Garamanten***) und den Wüsten ist durch die Größe und die Süßigkeit seiner Palmfrüchte bekannt, die edelsten wachsen hauptsächlich in der Umgegend des Hammonstempels; †)

XXXIV. in der Umgegend von Carthago aber besitzt es eigenthümlich den Apfel, welcher daher den Beinamen des punischen führt und den Manche auch Granatapfel ††) nennen. Man theilt ihn in verschiedene Arten und versteht unter dem kernlosen †††) denjenigen, welchem der holzige Kern fehlt, der aber von Natur weißer ist und lieblicher schmeckende, und durch weniger bittere Häutchen getrennte Samen enthält. Sie haben einen ganz andern, wie in den Waben zusammenhängenden Bau. *†) Von denen, welche Kerne haben, gibt es fünf Gattungen, süße, herbe, sauersüße, sauere und weinichte. Die

---

*) Vgl. B. V, Kap. 5, §. 1.

**) Jedenfalls ein Wegdorn (rhamnus); am besten entspricht jedoch der Schilderung der Christdorn (rhamnus spina Christi L.), dessen wallnußähnliche Früchte im Oriente gern gegessen werden.

***) Vgl. B. V, Kap. 4, §. 1.

†) Vgl. ebend. Kap. 5, §. 1.

††) Oder auch Granate (punica granatum L.).

†††) Apyrenus (ἀπύρηνος); nicht weil sie gar keinen Kern (Stein) haben, sondern weil dieser weicher und kleiner ist. Vgl. Seneca Epist. 85.

*†) Das Innere des Kerns gleicht den Zellen im Bienenstocke, und die Samen sind durch scheidwandartige Häutchen getrennt.

samischen und ägyptischen theilen sich rothblühende und weißblühende.*) Die Schale der bittern wird häufiger zur Bereitung der Häute gebraucht. Die Blüthe heißt Balaustium**) und eignet sich zu Arzneien und zum Färben der Kleider, deren Farbe daher ihren Namen erhalten hat.

XXXV (XX). In Asien und Griechenland wächst der Strauch Epipactis,***) welcher bei Andern Elleborine [Nießwurz] heißt, mit kleinen Blättern, die als Trank gegen Gift nützen, so wie die der Heide †) gegen die Schlangen,

(XXI). und der, von welchem das gnidische Korn kommt, von Manchen Lein genannt; den Strauch ††) selbst nennen Einige Thymeläa [Oelthymian], Andere Chameläa [Zwergölbaum], Andere Pyrosachne [Weitzenspreu], Andere Cnestron und wieder Andere Cneoron; †††) er gleicht dem wilden Oelbaume, nur sind die Blätter,

---

*) Erythrocoma und Leucocoma. Die Blüthen sind zuweilen auch gelb oder schäckicht.

**) Balaustfarbe (color balaustinus); sie war gelb. Die Blüthen heißen jetzt noch in den Apotheken Flores balaustiorum und werden ebenso wie die Fruchtschale (cortex malicorii) zum Färben und zu Arzneien gebraucht.

***) Es dürfte nicht leicht zu bestimmen seyn, welcher Strauch hier gemeint ist, denn die Behauptung, daß ihm der Nestdrehling (neottia spiralis) entspreche, beruht auf keinem annehmbaren Grunde.

†) Erica. Da Plinius von Sträuchen spricht, so hat man hier wohl die baumartige Sumpfheide (erica arborea) darunter zu verstehen.

††) Zeidelbast (daphne gnidium L.).

†††) Die beiden letzten Benennungen von κνάω (ich kitzle), weil die Frucht auf der Zunge beißt.

welche, wenn man darauf beißt, gummiartig schmecken, schmäler, er hat die Größe der Myrthe und sein Same die Farbe und das Aussehen des Spelzes; er wird nur zu Arzneien gebraucht.

XXXVI. Den Strauch Tragion,*) der bis auf den Samen, welcher gegen Pfeilschußwunden am wirksamsten seyn soll, dem Terpentinbaume gleicht, bringt nur die Insel Creta hervor; auf derselben findet man auch die Traganthstaude**) ihre Wurzel gleicht der des weißen Dornes***) und wird der bei den Medern oder in Achaia†) wachsenden weit vorgezogen; der Preis eines Pfundes beträgt drei Denare.

XXXVII. Asien bringt auch den Tragos [Bock] oder Scorpion††) hervor, einen Dornstrauch ohne Blätter und mit rothen Trauben, welche als Arznei gebraucht werden, Italien auch die Myrice, welche bei Andern Tamariske,†††) in Achaia aber die wilde Brya*†) heißt; an ihr ist merkwürdig, daß sie nur angeflanzt eine gallenähnliche Frucht trägt; in Syrien und Aegypten findet man sie häufig

---

*) Bocksstrauch. Man ist in der Bestimmung dieses Strauches nicht einig; Manche halten ihn für das stinkende Johanniskraut (hypericum hircinum), Andere für das schleimige Wirbelkraut (astragalus tragacantha); das Letztere ist wahrscheinlicher.

**) Tragacanthe, Bocksdorn, cretisches Wirbelkraut (astragalus creticus); davon kommt der Traganthschleim.

***) Nach Einigen soll eine Kugeldistel (echinops strigosus), nach Andern eine Mannstreue (eryngium Bougati) gemeint seyn.

†) In Griechenland, hauptsächlich im Peloponnes; vgl. B. IV, Kap. 14.

††) Ein Salzkraut, salsola tragos; vgl. B. XXVII, Kap. 116.

†††) Tamarice = tamarix gallica L., die französische Tamariske.

*†) Tamarix orientalis, die gegliederte Tamariske.

und wir nennen ihr Holz Unglücksholz,*) während anderes in Griechenland weit eher diesen Namen verdient; denn hier wächst der Baum Ostrys,**) welcher auch Ostrya heißt, einsam um feuchte Felsen; er hat eine Rinde und Aeste wie die Esche und Blätter wie der Birnbaum, nur sind sie etwas länger und dicker und die runzeligen Einschnitte laufen ganz durch; der Same gleicht der Gerste und hat auch eine solche Farbe; das Holz ist hart und fest und wo man es in ein Haus bringt, soll es schwere Geburten und jämmerliche Todesfälle geben.

XXXVIII (XXII). Ebensowenig Glück bringt auf der Insel Lesbos der Baum, welcher Evonymos***) heißt; er gleicht dem Granatenbaume, hält, was das Blatt betrifft, zwischen diesem und dem Lorbeer die Mitte, hat aber die Gestalt und die Weiche der Granate und eine weißere Blüthe, welche, so wie sie erscheint, Verderben verkündet; er trägt Schoten †) wie das Sesamkraut, worin sich ein viereckig gestaltetes, dichtes und den Thieren tödtliches Korn befindet; auch das Blatt hat dieselbe Kraft; manchmal hilft eine rasche Ausleerung des Unterleibs.

---

*) Man nennt so die Bäume und Stauden, welche nicht angepflanzt werden und keine Früchte tragen; vgl. B. XVI, Kap. 44.

**) Carpinus ostrya, die italienische Hagbuche, der Hopfenbaum.

***) Εὐώνυμος (der einen guten Namen hat), so genannt, weil grade das Gegentheil der Fall ist; man nennt ihn jetzt Spindelbaum (euonymus europaeus L.); die giftige Beschaffenheit seiner Blüthe und seines Samens ist mit starker Uebertreibung geschildert; die Früchte erregen nur Erbrechen.

†) Oder vielmehr Kapseln mit vier Zipfeln, daher heißt er auch Pfaffenhütlein.

XXXIX. Alexander Cornelius sagt von einem Baume, den er Eon nennt, daß daraus das Schiff Argo gebaut gewesen sey, daß er der misteltragenden Eiche gleiche und ebensowenig, wie die Mistel, weder durch Wasser, noch durch Feuer zerstört werden könne; er ist aber, so viel ich weiß, sonst Niemand bekannt.*)

XL. Die Adrachne**) bezeichnen fast alle Griechen mit dem Namen Portulak,***) da dieser doch ein Kraut ist und Andrachne heißt, mithin die Benennung sich nur durch einen einzigen Buchstaben unterscheidet. Die Adrachne ist übrigens ein wilder Baum, der nicht auf Ebenen wächst; er gleich dem Erdbeerenbaume,†) nur ist sein Blatt kleiner und fällt nie ab; er hat zwar keine rauhe Rinde, man sollte aber meinen, er sey rundum mit Eis bedeckt, so traurig sieht er aus!

XLI. Ihm ist, was das Blatt betrifft, der Fustel††) ähnlich, steht ihm aber an Größe nach; er hat die Eigenheit, daß seine Frucht sich in einen Wollbüschel, welchen man Pappus†††) nennt, verliert, was bei keinem andern Baume der Fall ist. Aehnlich ist auch die Apharce,*†) welche ebenfalls, wie die Adrachne, zweimal trägt; die

---

*) Jede Vermuthung über diesen fabelhaften Baum dürfte überflüssig erscheinen.

**) Die rothe Bärentraube, morgenländischer Erdbeerbaum (arbutus andrachne L.).

***) Portulaca oleracea L.

†) Unedo = arbutus unedo L. Dieser gehört sogar zu derselben Gattung.

††) Coccygia = rhus cotinus L.

†††) Nach der jetzigen Kunstsprache Kelchkrone; die Frucht verliert sich aber nicht in dem Haarschopf, sondern liegt nur darin verborgen.

*†) Phillyrea angustifolia, schmalblätterige Steinlinde.

erste Frucht erhält man, wenn die Traube zu schwellen beginnt, die andere am Anfange des Winters; wie sie aber beschaffen ist, wird nicht gesagt.

XLII. Auch das Steckenkraut*) dürfte bei den ausländischen Pflanzen zu nennen und zu den Bäumen zu zählen seyn, da einige derselben (wie wir sie eintheilen) ihrer Beschaffenheit nach alles Holz an der Stelle der Rinde, d. h. auswendig, an der Stelle des Holzes aber inwendig ein schwammiges Mark haben, wie der Holunder, einige aber hohl sind, wie die Rohre. Das Steckenkraut wächst an warmen Orten über dem Meere und hat einen Stengel mit knieartigen Knoten. Es gibt zwei Arten; das in die Höhe steigende nennen die Griechen Narther, das immer niedrig bleibende aber Narthecya. Die von den Knieen ausgehenden Blätter sind um so größer, je näher sie sich an dem Boden befinden. Uebrigens hat es dieselbe Beschaffenheit, wie der Dill, und auch eine ähnliche Frucht. Keine Staude hat eine größere Leichtigkeit; sie ist deßhalb sehr bequem zu tragen und dient dem Alter als Stab.

XLIII. 1. Den Samen des Steckenkrautes haben Manche Thapsia genannt und wurden zu dem Irrthume verleitet, weil die Thapsia**) ohne Zweifel ein Steckenkraut ist, aber eine eigene Art, mit Blättern, wie der Fenchel, und einem hohlen Stengel, der nicht größer wird, als ein Stock. Der Same ist wie der des Steckenkrautes und die Wurzel weiß; wenn man Einschnitte in sie macht, fließt Milch heraus und wenn man sie stampft, Saft; auch die Rinde verschmäht man nicht.***) Alles ist aber Gift und schadet selbst denen, welche sie

---

*) Ferula = ferula communis L.

**) Thapsia = thapsia villosa L., zottige Flügelmöhre.

***) D. h. man zieht ebenfalls Saft heraus.

ausgraben; wenn nur die geringste Ausdünstung sie anweht, so schwillt der Leib auf und das Gesicht überzieht das heilige Feuer,*) weßhalb sie sich vorher mit Wachssalbe bestreichen. 2. Die Aerzte sagen indessen, daß sie, mit Anderm vermischt, bei manchen Krankheiten helfe, ebenso beim Ausfallen der Haare, bei Beulen und bei blauen Flecken; als ob es so sehr an Heilmitteln fehle, daß sie zu solchen Abscheulichkeiten greifen müßten! Sie bemänteln aber damit nur ihr gefährliches Werkzeug und ihre Unverschämtheit geht so weit, daß sie glauben machen wollen, Gift gehöre zu ihrer Kunst. Die in Afrika wachsende Thapsia wirkt am heftigsten. Bei der Erndte machen Einige Einschnitte in den Stengel und in die Wurzel selbst eine Höhlung, worin der Saft zusammenfließt, und nehmen ihn, wenn er hart geworden ist, heraus, Andere stoßen Blätter, Stengel und Wurzel in einem Mörser und schneiden den in der Sonne verdichteten Saft in Küchelchen. 3. Der Kaiser Nero verschaffte ihm im Anfange seiner Regierung Berühmtheit, indem er sein bei den nächtlichen Streifereien zerprügeltes Gesicht damit und mit Weihrauch und Wachs bestrich und am folgenden Tage dem Gerüchte zum Trotze mit heiler Haut umherging.**) Daß sich in dem Steckenkraute das Feuer am besten erhalte***) und daß das in Aegypten wachsende den Vorzug verdiene, ist gewiß.

XLIV (XXIII). Daselbst wächst auch der Capperstrauch;†) er hat ein festes Holz und einen auch als Speise gewöhnlichen Samen, der meist sammt dem Stengel abgepflückt wird. Man muß sich vor den fremden Arten hüten; denn der arabische verursacht Seuche, der afri-

---

*) Jetzt Antoniusfeuer, Rose.

**) Vgl. Tacitus Annal. XIII, 25.

***) Vgl. B. VII, Kap. 75, §. 7.

†) Capparis = capparis spinosa L.

kanische schadet dem Zahnfleische, der marmarische *) der Gebärmutter und bläht Alles auf, der aputische verursacht Erbrechen und bringt Magen und Bauch in Aufruhr. Manche nennen ihn Cynosbatos [Hundsdorn], Andere Opheostaphyle [Schlangentraube].

XLV. Strauchartig ist auch das Sari, **) welches in der Nähe des Nils wächst, eine Höhe von etwa zwei Ellen, die Dicke eines Daumens und einen Blätterbüschel wie die Papierstaude hat und auch auf ähnliche Weise ***) gegessen wird. Seine Wurzel liefert ihrer Härte wegen den Eisenwerken eine vorzügliche Kohle.

XLVI (XXIV). Auch die Pflanze †) darf nicht vergessen werden, welche man zu Babylon auf Dornsträuchen säet, weil sie nur darauf, so wie die Mispel nur auf Bäumen, gedeiht und zwar nur auf dem sogenannten Königsdornstrauch. ††) Wunderbar ist, daß sie an demselben Tage aufsproßt, an welchem sie gesäet wird; dieß findet aber statt bei dem Aufgange des Hundssterns †††) und sie überzieht äußerst schnell den Baum. Man würzt damit den Wein und zieht sie deßhalb. Der erwähnte Dornstrauch wächst auch zu Athen an der langen Mauer. *†)

*) Vgl. B. V, Kap. 5, §. 3. Kap. 6, §. 1.

**) Ein Cypergras (cyperus fastigiatus).

***) Vgl. Kap. 22, §. 2.

†) Soll die Flechtlore (cassyta filiformis) seyn; an eine eigentliche Cultur dieser Schmarotzerpflanze auf Dornsträuchen ist aber doch nicht wohl zu glauben.

††) Man hält ihn für die Sommerflockenblume (centaurea solstitialis), aber ohne genügenden Grund.

†††) Vgl. B. II, Kap. 47, §. 2.

*†) Vgl. B. IV, Kap. 11, §. 2.

XLVII. 1. Ein Strauch ist auch der Cytisus,*) welchen der Athenienser Aristomachus mit wunderbaren Lobsprüchen als Schaaffutter, getrocknet aber auch als Schweinefutter anpreist und von dem er auf das Juchart sogar bei mittelmäßigem Boden einen jährlichen Ertrag von tausend Sesterzien [84 Gulden] verspricht. Er gewährt denselben Nutzen, wie die Erve,**) sättigt aber schneller und macht, sehr mäßig gegeben, die Vierfüßler fett, so daß das Zugvieh die Gerste verschmäht. Von keinem Futter erhält man bessere Milch und in größerer Fülle und vor Allem dient es bei jeder Art des Gebrauchs den Zuchtthieren als ein vortreffliches Schutzmittel gegen Krankheiten. 2. Ja er***) befiehlt es sogar den Ammen bei dem Mangel an Milch getrocknet oder im Wasser abgekocht in Wein als Trank zu geben, weil die Kinder stärker und größer würden. Den Hühnern soll man es grün, oder wenn es schon dürr gewarden ist, angefeuchtet geben. Daß es auch nie an Bienen fehle, wo sich Cytisusfutter finde, versichern Democritus und Aristomachus. Dabei erfordert kein anderes weniger Kosten. 3. Man pflanzt es mit der Gerste, entweder im Frühjahre durch Samen, wie den Lauch, oder durch den Stengel im Herbste vor dem kürzesten Tage. Geschieht es durch den Samen, so muß man diesen anfeuchten und, wenn der Regen ausbleibt, nach der Saat begießen. Die Pflanzen müssen, wenn man

*) Nach Vergleichung der über diesen Strauch aufgestellten zahlreichen Vermuthungen kann man ihn wohl nur für den baumartigen Klee (medicago arborea L.) halten; Plinius verwechselt ihn aber in der Beschreibung öfter mit dem Geisklee (cytisus laburnum L.).

**) Vgl. B. XVIII, Kap. 38.

***) Aristomachus nämlich.

sie steckt, eine Elle lang, und das Loch einen Fuß tief seyn; ist der Strauch noch zu zart, so steckt man ihn zur Zeit der Tagundnachtgleiche; in drei Jahren ist er ausgewachsen und wird bei der Herbsttagundnachtgleiche, wenn er zu blühen aufhört, geschnitten, wozu die wohlfeile Arbeit eines Knaben oder einer alten Frau ausreicht. Er hat ein weißliches Aussehen und ist, wenn man kurz eine Aehnlichkeit angeben will, der schmälere Klee*) in Strauchgestalt. Dem Vieh gibt man ihn immer nur nach je zwei Tagen und im Winter, wenn er dürr geworden ist, angefeuchtet. 4. Für ein Pferd braucht man zur Sättigung zwei Pfund und für kleinere Thiere nach Verhältniß. Ersprießlich ist es auch, zwischen die Reihen hin und wieder Knoblauch und Zwiebel zu säen. Dieser Strauch wurde auf der Insel Cythnus gefunden und von da nach allen Cykladen**) und alsbald auch nach den griechischen Städten gebracht, zum großen Vortheil der Käsebereitung, und deßhalb wundere ich mich am meisten, daß man ihn in Italien noch selten antrifft. Er hat weder von der Hitze, noch von der Kälte, noch von dem Hagel oder dem Schnee Beschädigung zu fürchten, noch auch, wie Hyginus hinzufügt, von irgend einem andern Feinde, da sein Holz ohne allen Reiz ist.

XLVIII (XXV). Auch in dem Meere wachsen Sträuche und Bäume,***) in dem unsrigen †) sind sie aber kleiner, denn das rothe

---

*) Trifolium, der gewöhnliche Klee (trifolium pratente).

**) Ueber Cythnus und die übrigen Cykladen, vergl. B. IV, Kap. 22.

***) Man darf diesen Ausdruck nicht zu strenge nehmen und darunter nur die größten Tangarten verstehen.

†) Das mittelländische Meer hat in der That keine so großen Tange, wie der Ocean.

Meer und der östliche Ocean sind mit Wäldern angefüllt. Keine andere Sprache hat einen Namen für das, was die Griechen Phycos*) nennen, denn unter dem Worte Alga versteht man mehr ein Kraut, unter Phycos aber einen Strauch. Dahin gehört das Prason [Lauch], von Andern Zoster [Gürtel] genannt, mit breiten Blättern von grüner Farbe;**) eine andere, dem Fenchel ähnliche Art mit haarförmigem Blatte wächst an Felsen, die erste auf Untiefen nicht weit von der Küste; beide kommen im Frühjahre und sterben im Herbste ab.***) Mit der um die Insel Creta und am vorzüglichsten an der nördlichen, durch ihre Schwämme berühmten Seite derselben wachsenden †) färbt man auch Purpur; eine dritte ††) gleicht dem Grase und hat an der Wurzel und am Stengel Kniee, wie das Rohr.

XLIX. Eine andere Art von Sträuchen heißt Bryon und hat Blätter wie der Lattich, nur sind sie runzeliger; †††) sie wächst schon mehr nach dem Lande hin, im tiefen Meere aber die Tanne *†) und

---

*) Φῦκος (Tang); daher kommt die jetzt in der naturwissenschaftlichen Kunstsprache angenommene Benennung Fucus.

**) Ist wohl ein Bandklöder (laminaria) und vielleicht insbesondere der Zuckerklöder (laminaria saccharina).

***) Unrichtig; die Tange haben eine längere Dauer; die irrige Ansicht entstand wahrscheinlich deßhalb, weil die Tange bei den Herbststürmen oft vom Meeresboden losgerissen und an den Strand geworfen werden.

†) Mit der zweiten haarfömigen Art nämlich, welche man wohl für die Färberstuppe (roccella tinctoria), woraus man jetzt noch die Orseille- und Lacmusfarbe bereitet, halten darf.

††) Wahrscheinlich der Wasserriemen (zostera marina).

†††) Die lattichartige Hautflappe (ulva lactuca) ist hier nicht zu verkennen.

*†) Vielleicht der heidenartige Schotenklöder (cystosira ericoïdes), dessen Blätter Aehnlichkeit mit denen der Nadelhölzer haben.

die Eiche.*) welche die Höhe einer Elle erreichen; an ihre Aeste hängen sich die Muscheln; die Eichen sollen auch zum Färben der Wolle dienen und manche sogar in der Tiefe Eicheln tragen, wie Schiffbrüchige und Taucher wahrgenommen haben; auch bei Sicyon**) soll es sehr große geben; die Weinrebe***) wächst überall und auch die Feige, †) diese hat aber keine Blätter und eine rothe Rinde; auch findet sich eine strauchartige Palme. ††) Außerhalb der Säulen des Herkules wächst ein Strauch mit Lauchblättern und ein anderer mit Lorbeer- und Thymianblättern, welche beide, wenn sie an's Ufer geworfen werden, sich in Bimssteine verwandeln. †††)

L. Wunderbar ist es im Morgenlande, daß sogleich von Coptos †*) an in den Einöden nichts mehr als das Dorn, welches das durstige heißt, †**) und selbst dieses nur äußerst dünn wächst, in dem rothen Meere aber Wälder gedeihen, hauptsächlich der Lorbeer und der Oelbaum, †***) welcher auch Beeren trägt, und wenn es regnet,

---

*) Wahrscheinlich der Blasentang (fucus vesiculosus); man hielt die Blasen, worin sich die Frucht befindet, für Eicheln.

**) Vgl. B. IV, Kap. 6, §. 1.

***) Vielleicht der Traubentang (fucus uvarius), dessen Bläschen ihn einer Traube ähnlich machen.

†) Gehört wohl zu den Polypen, vielleicht die Meerfeige (alcyonium ficus).

††) Vielleicht eine Hornkoralle (gorgonia palma).

†††) Es dürfte nicht leicht möglich seyn, diese Seegewächse zu bestimmen.

*†) Vgl. B. V, Kap. 11, §. 1.

**†) Vielleicht die ägyptische Gummischelfe (acacia seyal).

***†) Vielleicht das Pilzcorall (madrepora fungites). — Es dürfte überhaupt überflüssig seyn, die den Alten nur höchst unvollkommen bekannten Zoophyten bestimmen zu wollen.

Schwämme, die, sobald sie die Sonne bescheint, in Bimsstein verwandelt werden. Die Größe der Sträuche selbst beträgt drei Ellen; sie stecken voll von Hundshayen,*) so daß man kaum aus dem Schiffe herausschauen darf; zuweilen fallen diese sogar über die Ruder her.

LI. Die Soldaten Alexander's, welche nach Indien schifften, erzählten: das Laub der Meerbäume sey im Wasser grün gewesen, so wie man es aber herausgenommen an der Sonne sogleich zu Salz vertrocknet, an den Küsten seyen steinerne, den wirklichen sehr ähnliche Binsen und auf der hohen See gewisse Bäumchen gewesen, welche an den Aesten die Farbe eines Ochsenhorns und rothe Gipfel gehabt hätten, sobald man sie angefaßt habe, seyen sie wie Glas zerbrochen, im Feuer aber, wie Eisen, glühend geworden und hätten nach Ablöschung ihre frühere Farbe wieder angenommen.**) In derselben Gegend bedeckt die Fluth auf den Inseln die Wälder, obgleich diese höher sind als die höchsten Platanen und Pappeln; ihre Blätter sehen aus wie die des Lorbeers und ihre Blüthe gleicht an Geruch und Farbe dem Veilchen; sie tragen, wie die Oelbäume, Beeren, welche ebenfalls einen angenehmen Geruch haben und im Herbste hervorkommen, indem die Blätter nie abfallen. Die kleineren bedeckt das Meer ganz, von den größten ragen die Gipfel hervor; an diese befestigt man die Schiffe, wenn die Fluth aber vorüber ist, an den Wurzeln. Auch noch andere Bäume haben sie, wie uns mitgetheilt wird, auf demselben Meere in der Tiefe gesehen, welche stets ihre Blätter behielten und deren Frucht der Feigbohne glich.***)

*) Vgl. B. IX, Kap. 70.

**) Auch hier ist wieder von Hornkorallen die Rede, die sich aber nicht näher bestimmen lassen.

***) Wahrscheinlich gaben große Leguminosen zu diesen Sagen Veranlassung.

LII. Juba erzählt, bei den Inseln der Troglodyten*) finde sich in der Meerestiefe ein Strauch, welcher Isishaar heiße, der Koralle ähnlich und blätterlos sey; wenn man ihn abschneide, ändere er die Farbe und werde schwarz und hart; ebenso ein anderer, welcher Charitoblepharon [Holdauge] heiße und in Liebessachen wirksam sey; die Frauen machten sich daraus Armringe und Halsbänder; er fühle es, wenn man sich seiner bemächtigen wolle, werde so hart wie Horn und stumpfe die Schneide des Eisens ab, mißlinge ihm aber diese List, so verwandle er sich in Stein.**)

---

*) Vgl. B. VI, Kap. 34.

**) Die Fabeln abgerechnet läßt sich die Beschreibung des Isishaares und des Holdauges ohne Zwang auf das schwarze Korall (gorgonia antipathes) beziehen; es ist sehr schwer abzulösen und noch jetzt verfertigt man daraus Armbänder, welche vor Ansteckung und Verzauberung sichern sollen.

Druck der J. B. Metzler'schen Buchdruckerei in Stuttgart.

Printed in Dunstable, United Kingdom

91219467R00087